U0839659

2014

北京市发展和改革委员会 编

中国环境出版社

2014发展报告
北京市生态环境建设

图书在版编目（CIP）数据

2014北京市生态环境建设发展报告 / 北京市发展和改革委员会编. -- 北京 : 中国环境出版社，2014.12

ISBN 978-7-5111-2164-6

Ⅰ．①2… Ⅱ．①北… Ⅲ．①生态环境建设－研究报告－北京市－2014 Ⅳ．①X-49

中国版本图书馆CIP数据核字（2014）第294038号

出 版 人 王新程
责任编辑 赵惠芬
责任校对 扣志红
装帧设计 彭 杉

出版发行 中国环境出版社
（100062 北京市东城区广渠门内大街16号）
网 址：http://www.cesp.com.cn
电子邮箱：bjgl@cesp.com.cn
联系电话：010-67112765（编辑管理部）
发行热线：010-67125803，010-67113405（传真）
印 刷 北京中科印刷有限公司
经 销 各地新华书店
版 次 2014年12月第一版
印 次 2014年12月第一次印刷
开 本 889×1194 1/16
印 张 9.25
字 数 150千字
定 价 50.00元

前 言

生态环境是人类生存和发展的基础。加强生态环境建设是建设绿色北京的重要保障，是提升城市生态品质、建设宜居家园的重要举措。

2013 年处于“十二五”规划的中期，是北京市实施百万亩平原造林工程的第二年，全市生态环境建设以加快推进平原造林为龙头，各项工作进展顺利。平原造林工程完成 35 万亩计划任务，两年来已完成造林 60 多万亩，平原地区森林覆盖率提高 6 个百分点。2013 年是北京市市级绿道建设元年，制订发布《北京市市级绿道建设总体方案（2013—2017 年）》，启动三山五园绿道、温榆河绿道、园博绿道等项目，开启了全市绿道建设的新篇章，城市绿色休闲空间在不断延展。2013 年北京市成功举办第九届中国（北京）国际园林博览会，建立在建筑垃圾填埋坑上的园博园，共建成 128 个城市展园和公共展园，园区绿化面积达到 349 公顷，为永定河畔又新增一颗绿明珠，显著提升了首都西南部地区的生态环境质量。

一年来，围绕森林生态、水资源保护、城市生态、农业生态、区域生态等生态体系建设以及生物多样性保护等方面，北京市加快推进各项工程建设，深化生态文明体制改革，使生态建设成果更加惠及人民，绿色北京的绿意更加浓厚，城市生态环境更加宜居。据统计，到 2013 年年底，全市森林覆盖率达到 40%，全市林木绿化率达到 57.4%，人均公园绿地面积达到 15.7 平方米，城市绿化覆盖率达到 46.8%，接近纽约、伦敦、东京、巴黎等世界城市的建设水平。

为帮助读者观察北京市生态系统的总体状况和变化趋势，了解 2013 年北京市生态环境建设的成效，我们继续组织编写《2014 北京市生态环境建设发展报告》。本年度报告进行了诸多改善和扩展，更加系统、全面地展示了 2013 年北京市在森林生态体系建设、水资源保护、农业生态保护、城市绿化生态、生物多样性保护、区域生态建设合作、生态产业发展、生态文明建设等各方面取得的成效。同时，以生态建设工程为主体，突出了北京市生态建设的重点与亮点工程，突出了生态建设理念、方式、制度等方面的创新和突破。在表现手法上，力求以可读性强的文字、直观的数据图表、清晰优美的图片等元素，增强报告的实用性和可读性，提升生态报告图书品牌的影响力，全面展示首都生态环境建设的良好成效和发展脉络。

本报告编写工作由北京市生态环境建设协调联席会议办公室（设在北京市发展和改革委员会）牵头组织，由《投资北京》杂志社具体承担。北京市园林绿化局、北京市水务局、北京市农村工作委员会、北京市农业局、北京市环境保护局等相关部门及有关区县发展和改革委员会参与编写工作，并提供了大量丰富的图文资料，在此表示衷心感谢。

受编者水平所限，本报告存在的疏漏与不足之处，恳请广大读者批评指正。

编者

2014 年 8 月

目录

Contents

第一篇 建设回眸

本篇导读

北京市地域的生态系统，从自然生态的角度看主要包括森林生态系统、湿地生态系统、农田生态系统、城市生态系统等；从建设分区的角度可分为山区生态体系、平原生态体系和城市生态体系。为全面报告北京市一年来的生态环境建设情况，我们分别从森林生态、水资源生态、农业生态、城市生态 4 个方面进行了归纳总结。为突出生物多样性保护，又专门报告了自然保护区与湿地建设工作的进展。为在更大范围保障首都生态安全，近年来，北京市逐步加大与处于上游的河北张承地区的生态建设合作，因此又增加了区域生态建设合作的相关内容。为体现生态环境建设的综合效益，体现全社会对生态环境建设的关心和支持，我们还分别报告了绿色生态产业及生态文明建设的情况。

一、森林生态系统建设

森林是地球上最重要的陆地生态系统，具有维持地球生态平衡的重要生态功能，如净化和更新空气、调节气候、涵养水源、保持水土、保护生物多样性等功能。良性的森林生态系统要求森林覆盖率达到30%以上。经过半个多世纪的不懈努力，北京的森林覆盖率已由新中国成立之初的3%增加到2013年底的40%，覆盖城乡的大尺度森林体系逐步形成，人均公园绿地和城市绿化覆盖率也基本接近纽约、伦敦、东京、巴黎等世界城市的建设水平，林业生态建设已初步为北京建设世界城市奠定了坚实的绿色环境基础。

1.森林分布与面积变化

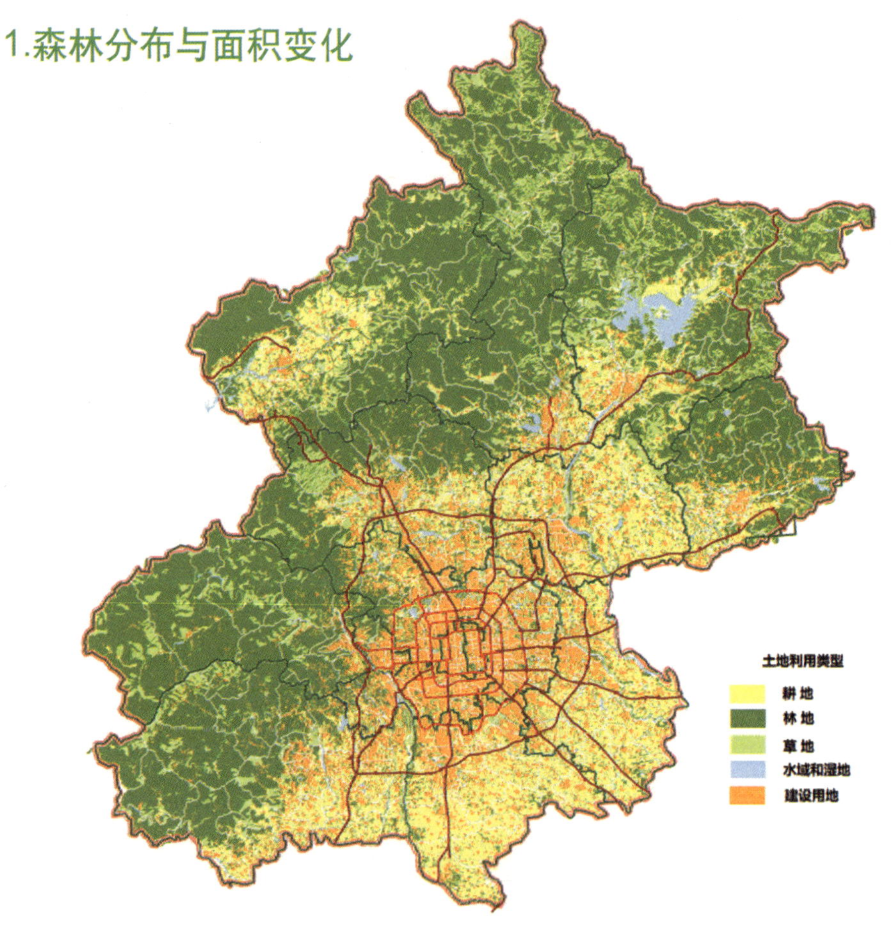

2013年北京市土地利用类型图

北京市的森林资源主要分布在北京市的西南、西北、正北和东北郊区区县。从2013年森林面积数据看，森林面积最大的密云县为134 751.14公顷，其次为怀柔区114 787.61公顷、延庆县112 720.94公顷、平谷区62 220.87公顷、房山区60 943.91公顷、昌平区59 253.92公顷、门头沟区56 503.87公顷。7

个山区县的森林面积占到了北京市森林总面积的近 84%，其余 9 个区县的森林总面积为 115 273.8 公顷，占全市森林总面积的 16%。从各区县森林覆盖率看，最高的为平谷区，达到了 65.48%，森林覆盖率最低的是西城区，仅为 8.54%。

2013 年，北京市造林面积 43 541.89 公顷，占全部森林面积的 5% 以上。各区县中造林面积最大的是延庆县，达到 8 985 公顷，其次是密云县为 5 607 公顷。北京市 2013 年森林总面积与 2012 年相比增加了 25 114.97 公顷，森林覆盖率增加了 1.4 个百分点。其中，与 2012 年相比森林面积增加最多的是房山区，为 3 622.94 公顷，而森林覆盖率增加最多的是通州区，为 3.84 个百分点。

昌平人工造林

延庆人工造林

2.京津风沙源治理

20 世纪 90 年代，京津乃至华北地区多次遭受风沙危害，特别是 2000 年春季，我国北方地区连续 12 次发生较大的浮尘、扬沙和沙尘暴天气，其中有多次影响首都。其频率之高、范围之广、强度之大，为新中国成立以来所罕见，引起党中央、国务院高度重视，倍受社会关注。国务院领导亲临河北、内蒙古视察治沙工作，指示“防沙止漠刻不容缓，生态屏障势在必建”，决定实施京津风沙源治理工程。

京津风沙源治理工程区西起内蒙古的达茂旗，东至内蒙古的阿鲁科尔沁旗，南起山西的代县，北至内蒙古的东乌珠穆沁旗，涉及北京、天津、河北、山西及内蒙古 5 省（区、市）的 75 个县（旗）。工程区总人口 1 958 万人，总面积 45.8 万平方千米，沙化土地面积 10.12 万平方千米。一期工程区分为 4 个治理区，即北部干旱草原沙化治理区、浑善达克沙地治理区、农牧交错地带沙化土地治理区和燕山丘陵山地水源保护区，治理总任务为 14 819.5 万公顷，到 2012 年基本结束。2013 年，为巩固一期工程建设成效，国家决定继续实施为期 10 年的二期工程，实施七大任务，包括加强林草植被保护和建设，提高现有植被质量和覆盖率，加强重点区域沙化土地治理，遏制局部区域流沙侵蚀，稳步推进易地搬迁，降低区域生态压力等。

2013 年北京市全面完成了京津风沙源治理一期工程收尾任务，2013 年也是京津风沙源治理二期工程的启动之年，北京市对相关任务进行了安排部署。

2013 年，一期工程国家下达的计划任务已全面落实，累计安排实施营造林 708 万亩（1 亩 =0.067 公顷），其中造林工程 269 万亩（包括退耕还林 105

风沙源治理工程

万亩、人工造林 108.42 万亩、飞播造林 31.58 万亩、爆破造林 24 万亩）、封山育林 439 万亩；草地治理 91.67 万亩，其中人工种草 52.8 万亩、围栏封育 38 万亩、草种基地 0.87 万亩，暖棚建设 38 万平方米，饲料机械 1 100 套；小流域综合治理 2 700 平方千米，水源工程 3 642 处，节水工程 1 100 处；生态移民 15 030 人。一期工程累计安排投资 49.2 亿元，其中中央投资 14.4 亿元、北京市配套 34.8 亿元（包括市级配套 31.1 亿元、区县配套 3.7 亿元）。

京津风沙源治理二期工程规划期限为 2013—2022 年，规划范围在一期工程区范围基础上增加到包括陕西省在内的 6 个省（区、市）的 138 个县（旗、市），北京市纳入国家规划范围区县达到 8 个，包括门头沟区、昌平区、平谷区、怀柔区、密云县、延庆县、房山区（二期新增），大兴区（二期新增）。二期工程规划基本建设工程测算总投资 695 亿元，包括中央基建资金 399 亿元和地方配套 296 亿元。规划安排到北京市的中央基建资金 17.5 亿元。

延庆封育

昌平封育

京津风沙源治理工程，取得了显著的综合效益。

一是有效降低了首都沙尘天气的发生频率。经过京津风沙源治理一期工程的实施，北京市的沙尘天气发生频率明显下降并呈减少趋势；主要流域出水水质全部达到地表水Ⅲ类以上标准；森林生态服务功能显著提升，山区生态屏障基本建成，6 个工程区县先后全部被评为国家级生态示范区。

二是建设了一批精品工程带动了山区经济发展。建成延庆北山爆破造林、昌平南口京藏高速人工造林、平谷区金海湖人工造林等一批精品、亮点工程，改善了当地景观环境，对促进京郊旅游业发展起到了巨大作用。结合京津风沙源治理工程实施，工程区探索发展以观光采摘、休闲体验为主的山区沟域经济，形成了延庆“百里山水画廊”、怀柔“雁栖不夜谷”等一批生态旅游项目，为城里人找到了休闲娱乐的好去处，同时带动了当地农民增收致富。据统计，工程区县民俗旅游接待由2006年的963.2万人次增加到2013年的1 644.8万人次，年均增长9.3%，民俗旅游总收入由3.6亿元增加到8.8亿元，年均增长16.1%。随着工程建设的不断深入，首都山区逐渐形成了以特色林果业、绿色种养业和生态休闲旅游业为主的三大主导产业，形成了怀柔、密云板栗产业带；延庆、怀柔仁用杏产业带；门头沟、房山、昌平核桃、柿子产业带等产业布局。工程建设同时带动了农民增收，工程区农民人均纯收入由2000年的3 729元增加到2013年的14 433元，年均增长11.9%。

三是增强生态文明意识，转变发展方式。京津风沙源治理工程建设改变了当地农民的生产生活方式和发展理念、模式，初步实现了从“靠山吃山”到“养山就业”的转变。通过实施生态移民工程，改变了移民户恶劣的生产生活条件，使居住环境得到明显改善。通过实施生态林管护和补偿机制，使全市4.66万名护林员、1.08万名管水员参与到生态环境保护中，既安排了就业又增加了收入。通过多年的宣传和工程建设，使越来越多的首都市民感受到生态环境保护的重要性，体验到生态环境的巨大改善，形成了全社会关心和支持生态建设的良好氛围。

风沙源治理典型工程——平谷区低效林改造简介

平谷区2013年风沙源治理二期工程低效林改造项目6 600亩，工程涉及刘店、王辛庄、黄松峪、东高村4个乡镇，包括修枝定株项目4 550亩，抚育间伐项目355亩、松土扩堰项目1 055亩、补植补造项目700亩。

刘店低效林改造地块总面积1 810亩，位于刘家店旅游观光栈道两侧，工程区内乔木以栓皮栎、侧柏为主，全部为20世纪八九十年代所栽植的人工林。由于当时工程缺乏统筹管理和科学的规划设计，以及许多地块立地条件差，形成了大量树种单一、林分结构不合理、林木分布不均，林木生长严重退化的低质低效林，严重影响到了刘家店镇的生态环境提升和旅游环境的提高。

刘店低效林改造地块以松土扩堰，修枝定株、抚育间伐、补植补造等改造措施为主，包括修枝定株835亩，抚育间伐项目290亩、松土扩堰项目430亩、补植补造项目255亩。工程的实施将长势较弱，结构欠佳的林分结构调整为合理的复层异龄混交林，使林分质量明显改善，逐步形成了多树种、多层次、多功能的稳定森林群落结构。

修枝定株

抚育间伐

松土扩堰

补植补造

刘店低效林改造工程的开展，在减少山区水土流失，降低风沙危害的同时也提高了山区的综合生态环境，改善了山区旅游环境，建立人与自然和谐相处的局面。

3.平原造林

平原地区是北京市人口、产业的聚集区和首都功能的主要承载区。而北京市的森林资源主要分布在山区，平原地区的森林面积仅为 14.41 万公顷，占北京市森林面积的 21.87%。平原地区的森林覆盖率只有 14.85%，远低于全市的平均水平。为尽快弥补平原地区的绿化短板，构筑起平原地区的绿色屏障，2012 年，北京市决定实施平原地区百万亩造林工程，争取利用 5 年左右的时间，实现新增森林面积 100 万亩，平原地区森林覆盖率达到 25% 以上，净增 10.32 个百分点。

平原地区百万亩造林工程着力构建“两环、三带、九楔、多廊”的绿地空间布局。“两环”，即五环路两侧各100米的永久性绿化带，形成平原区第一道绿色生态保障；六环路两侧绿化带外侧1 000米，内侧500米，形成平原区第二道绿色生态保障；“三带”，即永定河、北运河、潮白河每侧不少于200米的永久性绿化带；“九楔”，指的是在9个楔形限建区，通过建设功能明确、规模适度的四大郊野公园组团和多处集中连片的大尺度森林，形成连接市区与城市外围、隔离新城之间，缓解热岛效应、生态作用明显的九大楔形绿地；“多廊”，即重要道路、河道、铁路两侧的绿色通道，以及贯通各区域森林景观、公园绿地的健康绿道。平原地区百万亩造林工程以第二道绿化隔离地区为主体，大兴、顺义、通州、昌平、房山5个区为重点建设区域。

2013年是平原造林工程实施的第二年，全面超额完成了市委、市政府确定的35万亩目标任务，实际完成造林36.4万亩，植树1 705万株，平均成活率达到95%以上，建设效果显著。工程自2012年实施以来，全市累计已完成平原造林61.7万亩，植树3300多万株，平原地区的森林覆盖率从14.85%提高到了20.85%，净增6个百分点，使全市森林资产总价值增加529亿元，生态服务价值增加406亿元；年增加固定二氧化碳121万吨，释放氧气88万吨，滞尘62万吨。

顺义区平原造林

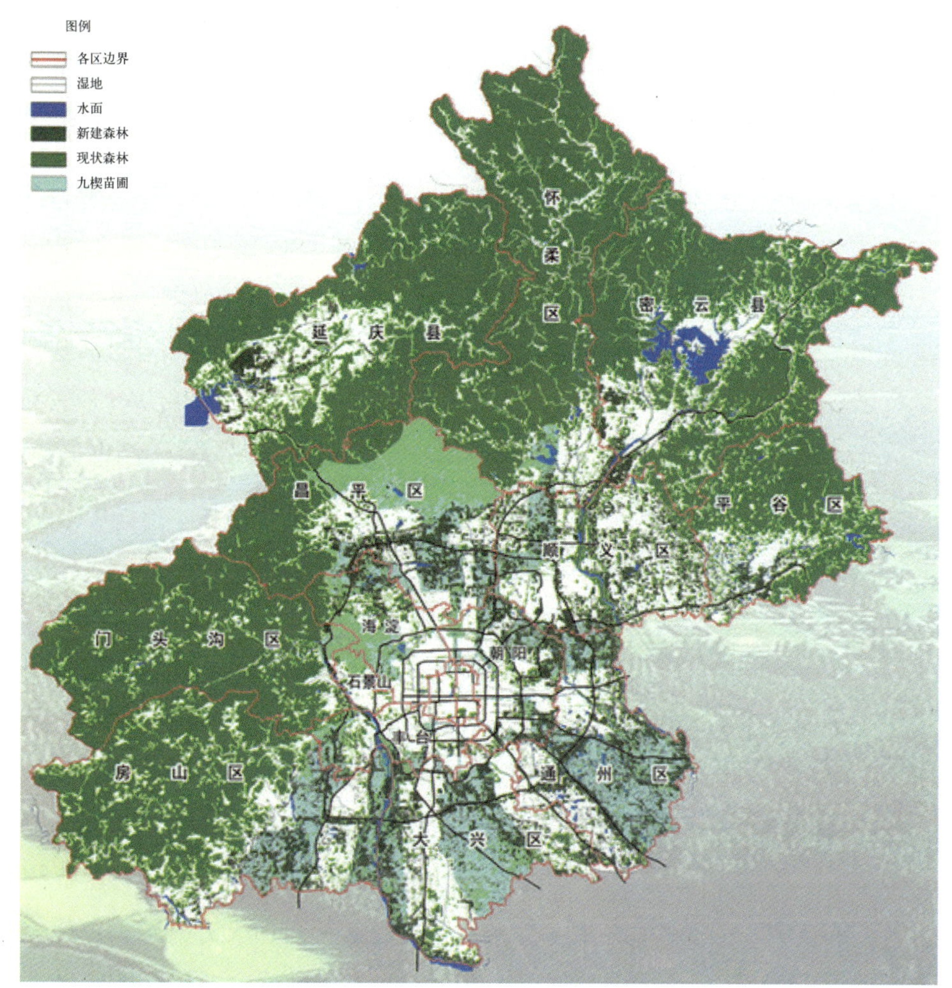

北京平原地区造林工程总体规划图

2013 年平原造林坚持以城市发展新区为主体、城市功能拓展区为重点、生态涵养发展区为补充的建设原则，“两环、三带、九楔、多廊”范围内造林 31.19 万亩；坚持把树种在最显眼、改善城市空气质量效果最显著的地方和骨干廊道两侧，六环路以内造林 6.62 万亩，环渤海总部基地、新机场等重要功能区造林 6.56 万亩；坚持优先利用拆迁腾退地、废弃砂石坑、沙荒地造林，在怀柔废弃砂石坑等区域营造生态景观林 10.07 万亩；坚持加大废弃坑塘、藕地利用和中小河道治理，营造湿地森林 1.59 万亩，湿地建设和恢复实现重大突破。

顺利完成重点区域和大型绿色板块建设。平原造林工程更加注重成方连片和与原有林的连接，营造千亩以上生态片林 68 块，形成了 10 处万亩以上大型绿色板块。更加突出重点区域建设，着力打造“一园、三带、三廊、五区、

四片”16 处特色鲜明、功能多样的大规模城市森林区域，造林 12.1 万亩。即一个东郊森林公园；永定河、北运河、潮白河 3 条生态景观带；京平高速平谷段、104 国道、大广高速榆垡段 3 条生态廊道；六环路内通州台湖、丰台槐房、中关村森林公园、锦绣大地、朝阳东坝环铁五大特色区；房山燕化周边、昌平西部沙坑煤场、延庆蔡家河、密云西田各庄 4 个大型绿色板块。

以科技为支撑建设高水平城市森林。造林工程突出城市森林的内涵和特点，把科技贯穿平原造林的全过程。注重树种多样和近自然栽植，造林树种达 168 个，乡土树种栽植占 85% 以上。注重废弃砂石坑、沙荒地、坑塘藕地等生态修复的科技支撑，推广应用新技术、新材料 100 余项，节水保活新材料使用面积达 60% 以上。重点地区、重点项目 60% 多的落叶乔木胸径在 8 厘米以上，带冠栽植超过 70%，实现了立地成林、成景。

充分发挥造林对促进农民就业增收的作用。各区县认真执行市政府土地流转补助政策和市总指挥部土地承包经营权流转及管理工作意见，增加补偿资金投入，让农民利益得到充分保障。朝阳区对拆迁腾退地复垦给予每亩 5 万元的补助，土地流转补助标准提高到每年每亩 2 000 元；海淀区按照每亩 5 万元给予土地流转和地上物补偿综合费用；昌平区土地流转补助标准提高到每年每亩 2 500 元，对砂石坑等困难地造林每亩增加投资 1 万元；大兴、通州、顺义等区的部分乡镇进一步增加了土地流转和拆迁补偿费用。多数区县利用社保平台登记农民就业意向，鼓励施工单位、管护单位使用本地农村剩余劳动力，全市安排 5 万多名农民就业，人均增收 4 000 多元。

绿色板块建设

专栏

平原造林典型工程——怀柔区废弃砂石坑治理

怀柔区废弃砂石坑位于潮白河段，处于北京市东北部风沙入京廊道。多年来，由于连续干旱和地下水超采致使河道干涸，沿岸土地沙化严重。同时因非法采砂形成若干巨大砂石坑，地表斑驳裸露、扬沙扬尘严重，周边环境恶劣，对当地农民生产生活造成很大影响，也在一定程度上影响了首都供水安全。加快砂石坑治理，改善区域环境，营造良好景观，意义重大深远。

治理区全部为粗沙或堆积石料，坡陡、坑深、无土、缺水，最宽处达870米，平均深度达40米，最深处约70余米。经过2013年、2014年连续两年治理，6 408亩全部完成治理，多种功能效益显著，成为新时期北京生态修复的样板工程。

一、精心组织，创造治沙奇迹

怀柔区委、区政府高度重视沙坑治理，成立以区长为组长的专项领导小组、主管区长为总指挥的实施机构，区政府和各乡镇政府签订责任书，纳入年度考核，举全区之力，精心组织建设。坚持工程治理和生物措施相结合，以土方工程和地形改造为基础，利用推土机、钩机等大型机械进行地形整理。两年来，累计投入机械台班2.9万余台班，投入人工6.6万人次，动土方量1 340万立方米，其中客土120万立方米。坚持市区政府投入为主，按照6万元／亩的标准，总投资3.84亿元；同时为保证工程顺利实施，区政府加大资金投入，投入拆迁腾腿费用4 600万元，拆除建筑3万平方米，迁移坟头600个。面对2014年4 208亩“难啃的骨头”和春季气候异常的严峻形势，加强科学调度，加大施工力量，倒排工期，限时完成。3月中下旬以来，每天出动400余台机械、800余人进行施工，40天的时间基本完成了700万立方米土方整理，30天的时间完成栽植面积3 750亩，植树16.8万株。在治理难度、建设速度、投入力量等方面开创了北京市防沙治沙的历史。

怀柔废弃砂石坑原貌

二、科学种植，打造多彩森林

坚持以绿为主，按照“多树种、多层次、多色彩、多功能”的建设原则，采

怀柔废弃砂石坑原貌

砂石坑治理

治理后的砂石坑

取自然组团式、团块式混交栽植，以乔木为主，乔、灌、地被科学搭配，形成高低错落、复层混交的森林植物群落。注重植物造景和乡土彩色景观树种栽植，加大银杏、白蜡、五角枫、金叶榆、金枝国槐、黄栌等树种比例，形成色彩丰富、三季有花、四季常青的五彩森林景观。两年来共栽植各类乔灌木20种、25.4万株，其中常绿乔木6.2万株、彩色落叶乔木10万余株、其他落叶树种9.2万株，200余公顷草花地被点缀其中。

三、多措并举，确保质量水平

针对砂石坑内砂石多、土壤少、不保水，普通方式栽植的树木很难存活的现状，依靠科技支撑、依靠工程措施，确保治理质量和水平。在植物配置上，采用高效典型植物配置模式，选用节水耐旱、固沙作用明显的沙生植物，如胡杨、沙柳、沙地柏等；在土壤改良上，采取消坡、拉坡、大坑回填等工程措施，将陡坡改造为缓坡，利用更换客土方式改良土壤环境，每个种植坑中需客土1立方米，并保证地表覆土达30厘米；在节水保活上，大力推广使用植树袋、保水剂、生根粉、抗蒸腾剂、双向保水肥等新材料，使用面积达到100%；在水土保持上，地表铺设生态草垫，防止冲刷，降低地表径流。做好水电路基础设施配套，完成作业道路建设2.7万延米，新打井12座，铺设灌溉管线7.3万余米，配备应急井6座，修建排水沟、截水沟3万余延米，确保旱能浇、涝能排。

四、涵养水源，生态效益明显

项目区属水源九厂和北京市备用水源取水区，是首都重要的水源地。通过治理营造大片森林，不仅增加了森林资源，而且极大地改善了治理区的生态环境，抑沙滞尘、涵养水源、固碳释氧等生态效益日益显现。据统计，全面实施潮白河沙坑治理工程后，新增绿化造林面积6 408亩，每年产生生态价值251.2万元。其中，每年吸收二氧化碳4 179.3吨，释放氧气3 053.7吨，增加木材蓄积3 095.9立方米，增加蓄水11.2万吨，有效蓄洪32.7万立方米，减少土壤流失574.2立方米，大大提升了区域生态环境质量。

五、服务民生，推进区域发展

潮白河砂石坑形成已有20余年，其恶劣环境对周边的杨宋镇、北房镇7个行政村的经济社会发展造成巨大影响，老百姓长期遭受风沙危害，治理砂石坑已成为社会各界多年来的梦想和期盼。经过这两年的治理建设，这个梦想变为了现实。昔日风一吹沙尘满天、人见人躲的大砂石坑，经过平原造林治理，变成了一片绿色海洋，不但周边群众经常到此休闲游憩，而且为生态旅游和区域经济发展提供了良好的生态环境。同时随着林木养护管理工作的开展，当地100多名农民将在家门口实现绿岗就业。

4.义务植树

2013年北京市在植树造林方面广泛发动社会各界群众积极参与植树造林，首都地区有436.5万人次以各种形式参加了义务植树活动，共植树400万株，抚育树木1 921万株。驻京部队继续发挥突击队、战斗队作用，为首都绿化美化建设再立新功，驻京解放军、武警部队由北京卫戍区具体协调，从2013年4月7日至5月6日，历时29天，出动建制兵力68 300人次，民兵

北京各界群众参加义务植树活动

预备役官兵26 200人次，车辆2 830台次，参加支援首都地区平原绿化造林工程，在海淀区中关村森林公园二期、昌平区南口农场煤场、沙荒地和马池口镇水南路砂坑等39个重点地段平整土地2 124亩，挖树坑208 594个，运送树苗18 300余株，参与植树8 275亩，铺设草坪15 000平方米，栽种各类苗木63 200株。各区县社会团体、家庭和个人6.7万人，植树21.4万株。2013年全市共认建认养绿地258块，面积达719.4公顷，认养树木18.9万株，社会单位投入林木绿地认建认养资金达9 028.2万元。

5.加强森林资源保障体系建设

森林是可再生资源，如果保护得当它可以持续地为人类提供生态服务功能，但是由于森林资源是由林木为主构成的生态系统，因此外界自然环境因素和人类活动因素都会对其造成严重的影响和破坏。如森林火灾、病虫害及乱砍滥伐林木、乱垦滥占林地、乱捕滥猎野生动物、乱采滥挖野生植物等现象都会对森林资源构成严重的威胁。2013年，为加强森林资源安全保障体系建设，北京市主要采取了以下措施。

（1）加强森林防火

2013年北京市森林防火指挥中心共接报火警57起，同比下降了61%；形成一般森林火灾1起，与上年持平，未发生较大以上森林火灾。市、区县两级财政森林防火经费年度投入均超过亿元，完成森林防火通信指挥信息化平台建设项目，实现市局、各区县、各工作组之间的三级通信管理，初步搭建森林防火通信指挥信息化平台。

在省市联防上，筹办京津冀晋蒙等华北五省（市）、自治区联席会议，制订了《京津晋冀蒙交界区森林火灾联合处置应急预案》，启动京冀森林防火合作二期项目。全面落实《北京市森林防火护林员管理办法》，加强对全市4.6万名生态林管护员的岗前培训和岗位管理。在春节、清明、五一等重点节日，全市5万余名生态林管护员、护林员、巡查员及186

森林消防队员开展高压水泵“以水灭火”演练

北京市园林绿化局检查森林防火工作

座瞭望塔、395个临时性森林防火检查站延长看护时间，共制止各类野外用火7 202起，从源头上管住了火源。重点时段租用直升飞机开展空中巡护，在重点森林防火区域喷洒阻燃剂10万千克，并开设隔离带、清理林下可燃物超过8万公顷。全市统一开展“绿色森林你我共享，森林火灾你我共防”为主题的大型宣传活动，期间共举办各类宣传活动342次，发放宣传品124.5余万份，发送手机短信81.2万条。2013年5月，组织开展了高压水泵“以水灭火”演练，按照预定的演练方案和考核标准，组成2个检查考核组，各区县自行安排演练场地，实行分别演练和分别考核的形式，演练基本达到预期效果。

森林公安民警开展“天网行动”

（2）加强野生动物保护

2013年，全市森林公安系统加大对破坏野生动物资源违法犯罪行为的打击力度，开展专项行动，执法成效显著。2013年，全市森林公安共受立案399起，较去年同期减少10.34%。办理刑事案件57起，林业

林业有害生物天敌产品规模化生产与应用技术高级研修班

行政案件342起，刑事拘留75人，行政处罚527人次，涉案单位16个。其中，破获案件46起，同比增加了155.6%，包括重大案件10起、特别重大案件13起。年内，加大野生动物案件的查处力度，以严厉打击象牙等非法交易活动为重点，多次组织警力对北京古玩市场进行集中检查整治，对多种渠道的流通环节全面布控出击，对野生动物非法交易的上下线链条进行全程打击，成功破获了多起非法收购、出售珍贵濒危野生动物案及非法收购、运输、出售象牙案，有力维护了北京市野生动物市场的正常秩序。

（3）科学开展病虫害防治

2013年北京市累计完成防治作业面积1 672.45万亩次，其中人工地面防控面积1 526.9万亩次；组织开展飞机防治2 911架次，预防控制面积145.55万亩次，防治率达到了100%，无公害防治率达到了100%；全市果树有害生物发生面积331.67万亩次，防治面积620万亩次；全年预计林业有害生物发生面积61.43万亩，实际发生面积60.49万亩，测报准确率为98.45%；实施种苗产地检疫面积17.86万亩，种苗产地检疫率达到了100%；成灾面积0.04万亩，成灾率仅为0.03‰。测报准确率、无公害防治率分别比国家下达的指标任务提高了10.45个、17.0个百分点，成灾率比国家下达的指标任务降低了1.17个千分点；全市美国白蛾发生面积0.89万亩，未发生美国白蛾灾害，全

专家在怀柔区检查美国白蛾监测情况

面完成了国家林业局下达给北京市的“四率”指标和美国白蛾防控任务。

（4）完善和创新护林养林体制机制

2013年，各区县按照“政府主导、部门监管、市场运作、专业养护、农民就业”的原则，积极研究制定林木管护工作方案和管理办法，推进建立责任明确、队伍落实、监管到位、投入科学、管理高效、责权利相统一的养护管理体制机制。将平原造林林木养护管理作为工作重点，增加相关管理机构和编制，通州、房山、昌平、平谷4个区分别在园林绿化局成立了具有全额拨款事业单位性质的专门管理机构，做到造林管林有机构、有队伍、有人员。各级园林绿化部门把林木养护作为平原造林重点工作，狠抓浇水涂白、修枝整形、病虫害防治等管护措施，确保树木成活成林。

官厅水库

二、水资源保护

北京是我国水资源十分匮乏的城市之一，水资源短缺已成为全市经济社会可持续发展的关键瓶颈。近年来，全市水资源供需矛盾十分突出。据2012年北京水资源公报，北京市水资源总量为39.50亿立方米，按照2012年末常住人口2 069万人计算，北京市人均水资源占有量为191立方米。2012年全市总用水量为35.9亿立方米，比2011年减少0.1亿立方米。其中，生活用水16.0亿立方米，占总用水量的44%；环境用水5.7亿立方米，占16%；工业用水4.9亿立方米，占14%；农业用水9.3亿立方米，占26%，农业用水量持续减少，由2001年的17.4亿吨减少到2011年的10.9亿吨。尽管近十年来，北京市用水总量没有上升，农业用水量也持续下降，但是北京市的水资源形势不容乐观，水质性缺水等问题一直困扰着北京水资源的可持续利用。据2012年北京市水资源公报，北京市河道劣于Ⅴ类水质占总评价河长的41%；劣于Ⅴ类水质标准的面积为16公顷，占评价面积的2%；浅层地下水中符合Ⅳ～Ⅴ类水质标准占平原区总面积的49.9%。

2001—2012 年北京市水资源情况　　单位：亿立方米

项　目	2001	2002	2003	2004	2005	2006	2007	2008	2009	2010	2011	2012
全年水资源总量	19.2	16.1	18.4	21.4	23.2	22.1	23.8	34.2	21.8	23.1	26.8	39.5
地表水资源量	7.8	5.3	6.1	8.2	7.6	6.7	7.6	12.8	6.8	7.2	9.2	18.0
地下水资源量	15.7	14.7	14.8	16.5	15.6	15.4	16.2	21.4	15.1	15.9	17.6	21.6
人均水资源 / 立方米	139.7	114.7	127.8	145.1	153.1	140.6	145.3	198.5	120.3	120.8	134.7	193.3
全年供水（用水）总量	38.9	34.6	35.8	34.6	34.5	34.3	34.8	35.1	35.5	35.2	36.0	35.9
农业用水	17.4	15.5	13.8	13.5	13.2	12.8	12.4	12.0	12.0	11.4	10.9	9.3
工业用水	9.2	7.5	8.4	7.7	6.8	6.2	5.8	5.2	5.2	5.1	5.0	4.9
生活用水	12.0	10.8	13.0	12.8	13.4	13.7	13.9	14.7	14.7	14.8	15.6	16.0
环境用水	0.3	0.8	0.6	0.6	1.1	1.6	2.7	3.2	3.6	4.0	4.5	5.7
万元 GDP 水耗 / 立方米	104.91	80.19	71.50	57.35	49.50	42.25	35.34	31.58	29.92	24.94	22.13	20.07
万元农业 GDP 水耗 / 立方米	2 153.5	1 881.1	1 640.9	1 544.6	1 488.2	1 441.4	1 224.1	1 063.8	1 014.4	916.4	800.1	619.6
用水结构	100	100	100	100	100	100	100	100	100	100	100	100
农业用水 /%	44.7	44.8	38.5	39.1	38.3	37.3	35.6	34.2	33.8	32.4	30.3	25.9
工业用水 /%	23.6	21.7	23.5	22.3	19.7	18.1	16.7	14.8	14.7	14.5	13.9	13.6
生活用水 /%	30.8	31.2	36.3	37.0	38.8	39.9	39.9	41.9	41.4	42.0	43.3	44.6
环境用水 /%	0.8	2.3	1.7	1.7	3.2	4.7	7.8	9.1	10.2	11.3	12.4	15.8

注：1. 万元地区生产总值水耗按现价计算。

2. 本表人均水资源按常住人口年平均数计算。2006—2010 年数据根据全国第六次人口普查进行了修正。

数据来源：除人均数据和万元地区生产总值水耗以外其他数据来自北京市水务局。

1.水资源现状

2013 年全市平均降水量为 501 毫米，全市地表水资源量为 9.43 亿立方米，地下水资源量为 15.38 亿立方米，水资源总量为 24.81 亿立方米，比多年平均值 37.39 亿立方米少 34%。

全市入境水量为 7.07 亿立方米（未包括南水北调河北应急调水 3.5 亿立方米），比多年平均 21.08 亿立方米少 66%；出境水量为 15.44 亿立方米，比多年平均 19.54 亿立方米少 21%。

全市 18 座大、中型水库年末蓄水总量为 18.07 亿立方米，可利用来水量为 8.16 亿立方米。官厅、密云两大水库年末蓄水量为 15.00 亿立方米，可利用来水量为 6.06 亿立方米（包括密云水库收白河堡水库补水 0.72 亿立方米）。

全市平原区年末地下水平均埋深为 24.52 米，地下水位比 2012 年末下降 0.25 米，地下水储量相应减少 1.28 亿立方米，比 1980 年末减少 88.5 亿立方米，比 1960 年减少 109.2 亿立方米。

2013 年全市总供水量 36.4 亿立方米，比 2012 年的 35.9 亿立方米增加 0.5 亿立方米。其中生活用水 16.3 亿立方米，环境用水 5.9 亿立方米，工业用水 5.1 亿立方米，农业用水 9.1 亿立方米。

2.生态清洁小流域建设

密云上游生态小流域

昌平区响潭生态清洁小流域

生态清洁小流域建设是在新的形势下，面对水资源问题，结合水土流失的特点，打破以往传统的观念，提出以小流域为单元，根据系统论、景观生态学、水土保持学、生态经济学和可持续发展等理论，结合流域地形地貌特点，土地利用方式和水土流失特性等，将小流域划分为“生态修复、生态治理、生态保护”三道防线，以“三道防线”为主线，紧紧围绕水少、水脏两大问题，坚持山、水、田、林、路统一规划，工程措施、生物措施、农业技术措施有机结合，治理与开发结合，拦蓄灌排节综合治理的新理念，达到控制侵蚀、净化水质、美化环境的目的。

（1）北京市生态清洁小流域发展现状

生态清洁小流域建设是北京市 2003 年针对全市“水少”和“水脏”的实际，在全国率先提出的，是全面落实科学发展观、统筹水源保护与城乡经济社会协调发展、积极创新、遵照建设“民生水务、科技水务、生态水务”、服务“三个北京”建设、服务世界城市建设、服务首都经济社会可持续发展的目标的重要举措，探索出了“以水源保护为中心，构筑‘生态修复、生态治理、生态保护’三道防线”建设生态清洁小流域的工作新思路。2003—2011 年年底，全市已建设 185 条生态清洁小流域，涉及 2 422 平方千米，构建了水源保护、休闲观光、绿色产业、和谐宜居四种生态清洁小流域治理模式。

（2）2013 年生态清洁小流域建设情况

2013 年，北京市继续以服务首都生态文明建设为主线，以源头保水为重点，通过政策集成和项目整合，深入推进生态清洁小流域建设，在 53 个村建成生态清洁小流域 34 条，治理水土流失面积 400 平方千米，实现了水源保护、面源污染控制、产业开发、人居环境改善、新农村建设的有机结合，推动了全市水资源的可持续利用、生态环境的可持续维护、经济社会的可持续发展，提升了 11 万郊区农民的发展空间。2003—2013 年年底，全市建成生态清洁小流域 253 条，治理面积 3 232 平方千米，为山区经济发展提供了水资源和水环境支撑。延庆县被水利部授予“国家水土保持生态文明县”荣誉称号。

3.农业节水

（1）农业用水现状

北京市自 2000—2012 年用水总量在 34.3 亿～ 38.9 亿立方米之间，农业一直是用水大户。2013 年农业用水 9.1 亿立方米，占全市用水量的 25.9%。从水源构成看，再生水 1.77 亿立方米，占 20%；地下水 7.2 亿立方米，占 79%；雨洪水 0.12 亿立方米，占 1%。从用水对象来看，水田 0.43 亿立方米，水浇地 2.79 亿立方米，露地菜田 1.65 亿立方米，设施农业 1.46 亿立方米，林果 1.53 亿立方米，牧草 0.04 亿立方米，规模养殖业 0.75 亿立方米，鱼塘 0.44 亿立方米。农业虽然是用水大户，但用水效率却很低，万元农业生产总值的

农业节水灌溉设施

水耗远高于全市万元GDP水耗（2012年农业万元GDP水耗为619.6立方米，是同期全市万元GDP水耗的30.9倍），总体来看北京市农业节水还有很大的提升空间。为了实现北京的水资源可持续利用和可持续发展，北京市政府对农业节水工作常抓不懈，不断加大农业节水的投入力度和扶持力度，截至2011年年底，北京市节水灌溉面积达到429万亩，占总灌溉面积的88%。2013年4月23日，中国水利报报道北京市农业节水工作是“中国都市现代农业节水的一个样板、走出农业节水工作的新路子”。

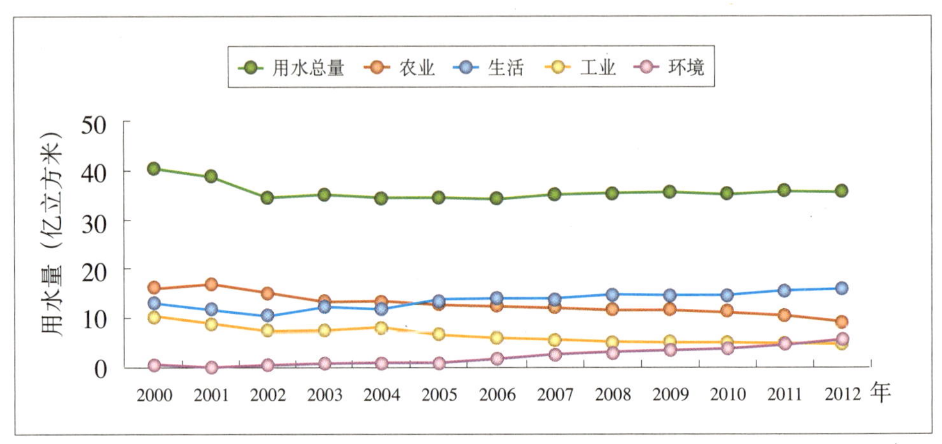

2000—2012年全市用水量变化图

（2）2013年农业节水工作成效

2013年北京市农业节水工作以提高农业用水效率和产出效益、增强农业综合生产能力、保障生态安全为目标，坚持“向观念要水、向机制要水、向科技要水”，以调整农业结构、配套节水设施、强化机制建设为重点，不断提升农业节水服务与管理水平，促进都市型现代农业发展和水资源的可持续利用。取得了节水灌溉面积逐步增大、农业用水总量逐步下降、用水效率不断提高、水源结构不断优化等重要成效。具体包括：一是节水灌溉面积不断提高。新增改善农业节水灌溉面积10万亩，全市建成节水灌溉面积305万亩，1 767个村实现了整村高效节水灌溉，为农业生产、农村经济发展提供了水资源支撑。喷灌、微灌和管道输水灌溉等高效节水灌溉技术得到广泛应用。二是农业用水量持续减少。2013年全市农业用水9.1亿立方米，其中再生水1.77亿立方米、地下水7.2亿立方米、雨洪水0.12亿立方米，实现了农业用新水负增长的目标。三是农业灌溉水源结构不断优化。为应对水资源紧缺形势，从2003年开始，北京开始推广使用再生水进行农业灌溉，到2013年，再生水利用量达到近1.77

亿立方米，占农业用水总量的 19% 以上。同时，相关科研部门已连续 9 年对再生水水质、灌区的土壤状况、作物品质状况等进行跟踪监测，从监测结果看，未发现再生水灌溉对农作物和土壤产生不良影响。四是农业用水利用效率不断提高，2013 年北京农业灌溉水有效利用系数达到 0.70，位居全国第二（上海为 0.72，全国平均值为 0.52）。

青龙湖镇马家沟村葡萄小管出流施工现场

延庆香营葡萄种植园小管出流

4.污水排放治理与回收利用

水资源保护是北京市长期的战略任务，但是水环境保护与污染物排放不断增加之间的矛盾日益突出。为此，北京市将水环境保护与治理作为生态文明建设的重要内容，北京市水务局发布了《关于加强河湖生态环境建设与管理工作的意见》（2013—2015 年），要求全市污水处理率达 90%。

2013 年北京市从实际情况出发，出台了《北京市加快污水处理和再生水利用设施建设三年行动方案》，计划新建污水处理（再生水）厂 43 座，升级改造污水处理厂 19 座，新建和改造污水管线 1 290 千米，新建再生水管线 484 千米，污泥无害化处理设施 13 处，完成清河北岸截污干线工程。其中：

中心城区共 6 项工程相继完成并投入运行；新增污水处理能力 11 万吨 / 日、再生水生产能力 51 万吨 / 日；完成新改建污水管线 104 千米，再生水管线 32 千米。其余 13 项厂站新改建污水管线 342.5 千米，再生水管线 126.2 千米，需在现有的基础上继续稳步、扎实推进，以确保《北京市加快污水处理和再生水利用设施建设三年行动方案》的顺利完成。

郊区县共 10 项工程相继完成并投入运行。新增污水处理能力 15 万吨 / 日、再生水生产能力 26.6 万吨 / 日；完成新建污水管线 255 千米，再生水管线 87 公里。总体来看，郊区县已基本完成 2013 年年度建设任务。

2013 年污水排放量 15.5 亿立方米，处理污水 13.1 亿立方米，全市污水处理率达到 84.6%。全市再生水利用量 8.0 亿立方米，其中农业灌溉约 2 亿立方米、工业用水 1.7 亿立方米、环境用水约 4 亿立方米、市政杂用 0.3 亿立方米。

高层重视

郭金龙：污水治理是躲不过去的问题

京华时报讯（2013 年 4 月 1 日），北京市委书记郭金龙在朝阳区调研污水处理和再生水设施建设情况时强调，要通过在全市形成建设生态文明的共识，破解环境保护、社会管理等领域面临的一系列难题，努力推动首都科学发展，让市民生活更加美好。北京市委副书记、市长王安顺一同调研。

离东南四环旁翠城小区不远处，就是污染严重的萧太后河，牛奶色的污水从排污口中汩汩而出。目前沿河共有 54 个排污口，每天入河污水 5 万吨。为了改善水环境，朝阳区正加大联合执法力度，同时安装简易污水处理装置，规划中的垡头再生水厂二期工程也将于今年底开工建设。郭金龙在听取朝阳区的治污方案后强调，一定要抓好落实，争取早日让河水返清。

北五环内的北小河再生水厂，已建成 10 万吨再生水利用工程，但由于来水中污染物浓度逐年上升，无法进一步扩大处理量。郭金龙现场察看了设备运行和生产工艺，他神色严峻地说，污染物浓度上升和北京人均水资源占有量不断下降有关，我们必须根据现实情况及时调整规划，该扩能的扩能，该升级的升级，污水治理是发展中躲不过去的问题。

登上高碑店污水处理厂办公楼顶俯瞰，100万吨污水处理设备运行起来蔚为壮观，而100万吨再生水利用工程也正在紧张施工中，建成后这里将成为全国最大的再生水厂。今后三年，全市将新建再生水厂47座，新增污水处理能力每日228万立方米，出水水质主要指标达到地表水类标准。郭金龙强调，核心城区污水处理率一定要达到百分之百。

调研中，郭金龙、王安顺还察看了污水磁分离处理装置和“红菌”污水处理工艺等先进技术。“红菌”是业内对厌氧氨氧化菌的俗称，通过生物化学反应，它可以将污水中所含有的氨氮转化为氮气去除，北京排水集团已将这项世界领先的工艺成功用于污水处理工业化流程。郭金龙对此予以充分肯定，并要求做好知识产权保护相关工作。

北京市副市长林克庆，市政府秘书长李伟参加调研。

5.雨洪利用

（1）城区雨洪工程发展情况

随着北京城区城市进程的快速发展，不透水面积比例大幅度提高，导致相同降雨条件下径流系数增大、洪峰提前、洪量增加，加大了城市防洪排涝压力，引发道路积水等问题，同时也造成雨水资源的流失。为了减轻城市防洪排涝压力，有效利用雨水资源，北京市在开展城市雨水利用研究与工程示范的基础上，形成了包括下渗、蓄用、调滞等雨洪利用措施，适用于建筑小区、大型公共场所、河湖等类型的雨洪控制与雨水利用技术体系，建立了包括国家标准《建筑与小区雨水利用工程技术规范》和北京市地方标准《城市雨水利用工程技术规程》、《透水砖路面施工与验收规程》的标准体系，出台了《关于加强建设工程用地内雨水资源利用的暂行规定》、《关于印发进一步

玉泉公园渗蓄系统

昌平响潭沟道集雨工程

加强城市雨洪控制与利用工作意见的通知》等促进雨水利用的政策性文件。截至 2013 年年底，北京市陆续建成城镇雨水利用工程 967 处，综合利用能力达 2 153 万立方米，其中，2013 年北京市城镇雨水利用工程实际利用雨水 1 876 万立方米。

（2）郊区雨洪工程建设情况

2013 年，北京市郊区雨洪水利用工作，按照“变‘防汛’为‘迎汛’，既减灾防灾，又给洪水以出路，既确保安全，又把水资源留住”的思路，遵循“先入渗、后滞蓄、再排放”的原则，建成 200 处农村雨洪利用工程，增加蓄水能力 120 万立方米。京郊共建成 1 200 处农村雨洪利用工程，增加蓄水能力 2 930 万立方米，在郊区农业生产、农民生活、农村经济发展中发挥了积极作用，一是增加了水资源可利用量；二是保护涵养了地下水资源；三是维护了河流健康生命；四是促进了新农村建设。有力地推动了工程水利向资源水务转变，农村水利向循环水务转变，得到当地群众的称赞。

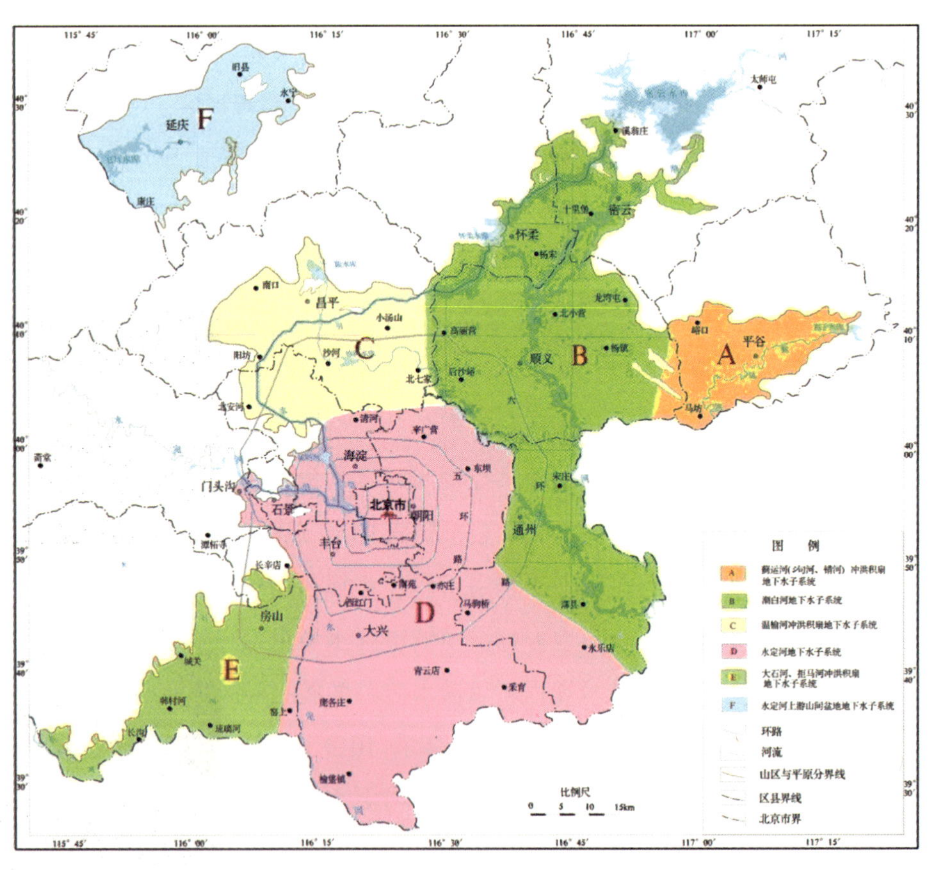

北京市平原区第四系松散孔隙水系统划分图

6.地下水源保护

北京市的地下水主要是由第四系松散孔隙水构成，富水性较高的区域主要分布在城区西部、西南、西北，以及密云、怀柔、平谷等郊区区县。北京市地表水资源严重不足，地下水成为不可或缺的重要供水水源。目前，北京市供水量中约有 2/3 来自地下，每年 36 亿立方米的全市总用水量，远超出了北京市水资源总量，连年超采地下水，已导致地下水位大幅下降，形成了巨大的地下水降落漏斗。2012 年地下水埋深达到了 24.27 米，较 2003 年下降了 5.94 米；地下水埋深大于 10 米的面积 10 年间扩大了 1 357 平方千米，达到了 5 465 平方千米。因此，北京市地下水资源必须采取严格有效的措施加以保护。2013 年北京市在控制地下水开采、强化地下水污染防控、加大地下水回补方面主要采取了以下措施：

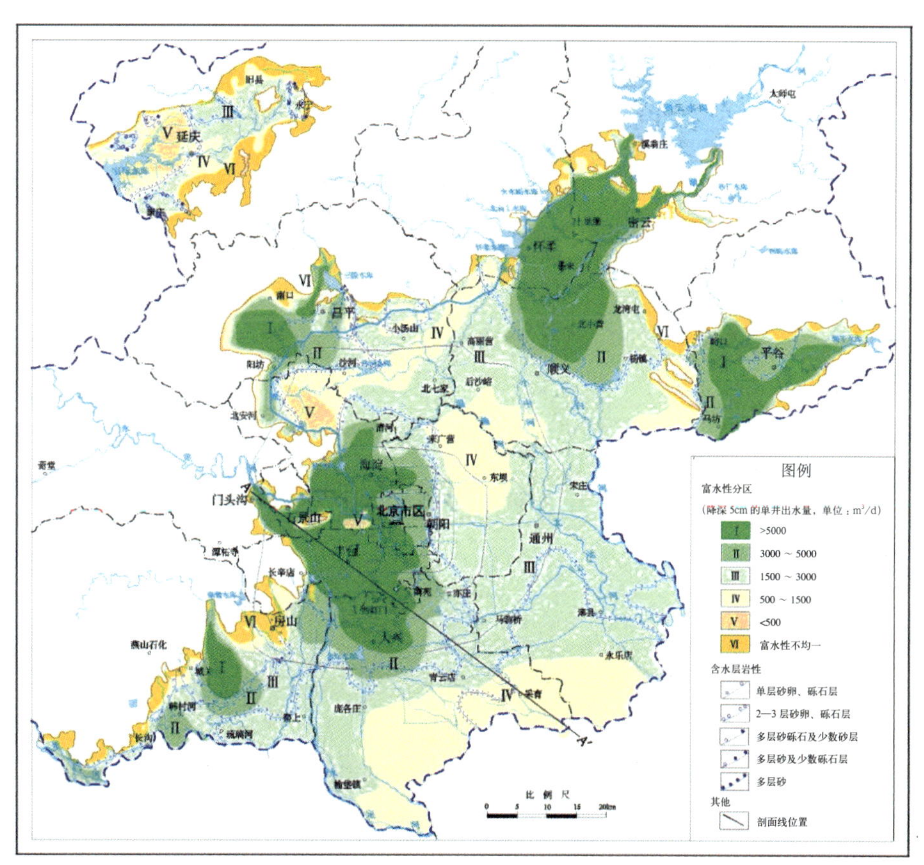

北京市平原区第四系含水层结构及富水性分区图

（1）严格控制地下水资源开采

①实行最严格水资源管理，控制地下水开采总量

坚持量水发展，确立了水资源开发利用控制等“三条红线”，并纳入市政

府对区县政府绩效考核评价体系。严格控制用水总量，实现工业用新水零增长、农业用新水负增长、生活用水控制性增长。强化水资源对经济社会发展的保障和约束，实施水影响评价审查制度。调整产业结构，对65种高耗水行业实行市场禁入，对滑雪场、高尔夫球场、高档洗浴等行业实行高水价。

②优化水资源统一调度，合理压减集中水源地取水

加强水资源保护及利用规划，实行地表水、地下水、外调水、再生水统一调配。南水北调中线京石段应急调水入境水量16亿立方米，官厅、密云水库上游集中输水入境水量4.6亿立方米。不断扩大再生水等非常规水源利用规模，2013年全市再生水使用量达到8亿立方米，超过地表水使用量。全市用水总量连年保持相对稳定，地下水年开采量已从2004年的27亿立方米，减少到21亿立方米，连续3年全市地下水位基本持平。

昌平兴寿草莓膜下滴灌

③逐步完善机井监管体制，严格地下水取水管理

截至2013年年底，全市共有机井约5.2万眼，其中农村机井4.2万眼（含3.2万眼左右农业灌溉用井），农村机井取水量7.4亿立方米。北京市水务局（由所属北京市节水管理中心代职）负责中心城区自备井的日常监督管理，产权单位负责机井的日常使用和维护。中心城区以外的城镇机井，由各区县水行政主管部门按属地进行管理。农村机井产权一般为各乡镇政府、村集体、其他集体组织或公司经营者所有，日常维护一般由村委会负责，日常监督由管水员负责巡查，农民用水协会、水务站定期检查，区水政大队进行执法。进一步完善监管体制，加快出台《进一步加强农村用水管理的若干意见》，将机井管理责任明确到基层水管单位和管水员，实行机井用途管制和用水总量控制。

④强化机井审批和联合执法，杜绝新增一眼机井

加强机井建设审批统一管理，2012年起各区县一律不再批准新增机井。定期开展多部门联合执法，坚决遏制违规凿井、非法取水、擅自变更机井用

途等行为；2013年以来共查处非法凿井案件49起，非法取水案件22起。建立管水员辖区日常巡查制度，严格监控非法取水行为。加强凿井资质单位监督检查，严把非法凿井源头管控关口。目前，全市违规凿井、非法取水等行为基本已经遏制。

（2）强化地下水污染防控

市政府出台了《北京市地下水保护和污染防控行动方案》，纳入北京市生态文明和城乡环境建设专项督查。全面落实制定完善地下水保护政策和规划、治理生活污水污染、清除非正规垃圾填埋场、控制工业污染、防控农业点面源污染、封填废弃机井、建设生态清洁小流域、整合优化地下水监测网络八大类任务。2013年完成清除非正规垃圾填埋场77处、治理畜禽养殖场113处、封填废弃机井1 452眼、建设清洁小流域400平方千米等任务。

（3）加大地下水涵养和回补力度

编制了2014—2020年南水北调受水区地下水压采方案。南水北调中线通水后，逐步实施地下水压采及回补，启动自备井置换工程，涵养、恢复地下水资源。重新划定地下水超采区，严格地下水分区管理。调整地下水严重超采区耕地用途，推进高用水作物种植退出机制建设。优化调整水源地布局，促进地下水源涵养与修复。开展地表、地下水库联合调蓄，实现地下水位稳定回升。

节水设施农业

7.水质状况

(1) 地表水

2013 年全市地表水水质总体保持稳定，其中集中式地表水饮用水源地水质符合国家饮用水源水质标准。水资源短缺和城市下游河道水污染严重的局面尚未根本改变。全市地表水水质空间差异明显，上游水质状况总体好于下游，水库水质较好，湖泊水质次之，河流水质相对较差。

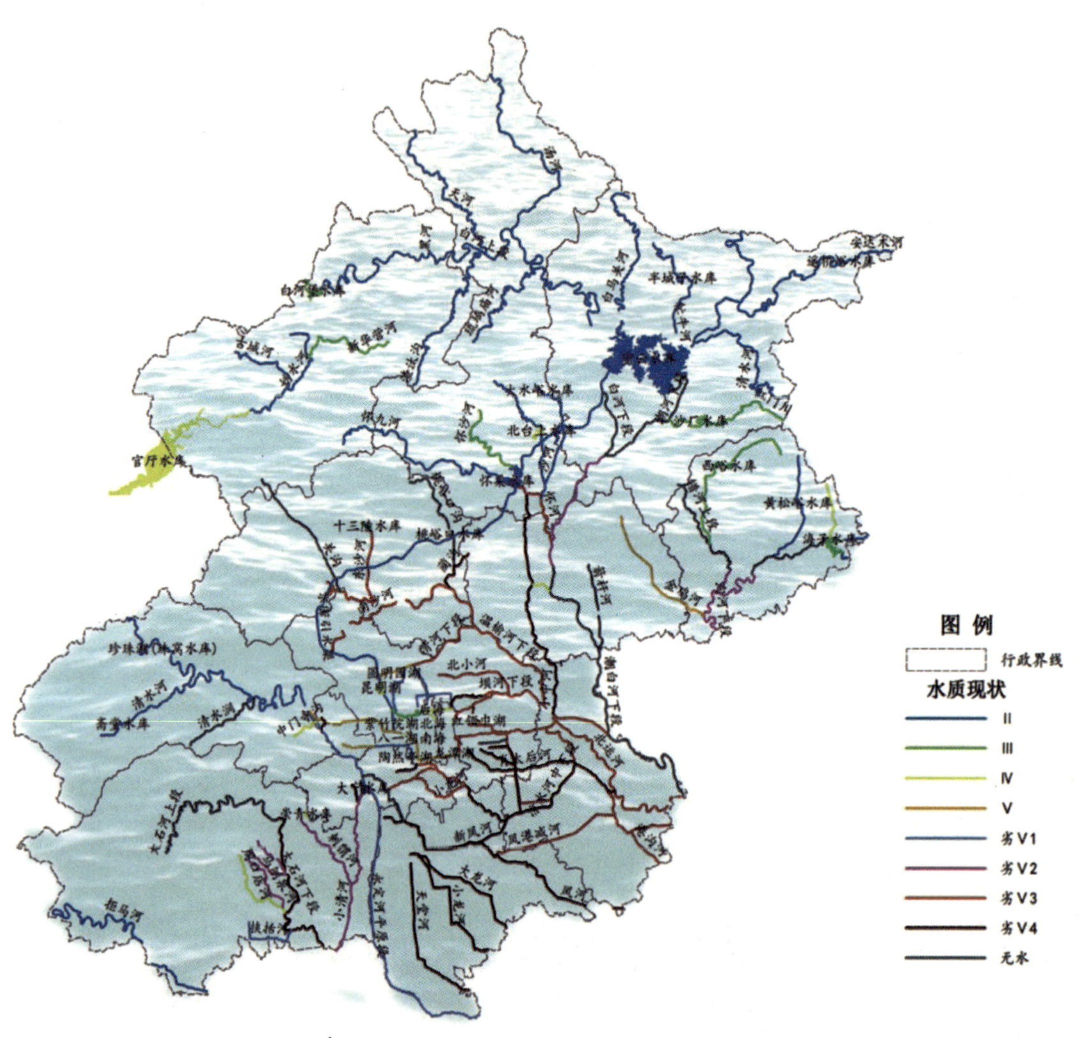

北京市地表水系水质图

全年共监测五大水系有水河流 95 条段，长 2 314.7 千米，其中：Ⅱ类、Ⅲ类水质河长占监测总长度的 49%；Ⅳ类、Ⅴ类水质河长占监测总长度的 10%；劣Ⅴ类水质河长占监测总长度的 41%。主要污染指标为氨氮、生化需氧量、总磷、化学需氧量等，污染类型属有机污染型。五大水系中，潮白河

河流、湖泊、水库高锰酸盐指数、氨氮年均浓度值

类型	高锰酸盐指数			氨氮／（毫克／升）		
	2011 年	2012 年	2013 年	2011 年	2012 年	2013 年
总体	8.55	7.75	7.89	6.87	5.97	6.17
河流	9.36	8.36	8.45	8.43	7.22	7.42
湖泊	5.94	5.90	6.08	0.62	0.66	0.63
水库	3.38	3.66	3.57	0.21	0.19	0.40

系水质最好，永定河系和蓟运河系次之，大清河系和北运河系水质总体较差。

全年共监测有水湖泊 22 个，水面面积 720 万平方米，其中Ⅱ类、Ⅲ类水质湖泊占监测水面面积的 50.1%，Ⅳ类、Ⅴ类水质湖泊占监测水面面积的 49.9%，主要污染指标为总磷、化学需氧量、生化需氧量、高锰酸盐指数等。全市湖泊富营养化现象仍有风险，大部分处于中营养至轻中度富营养。

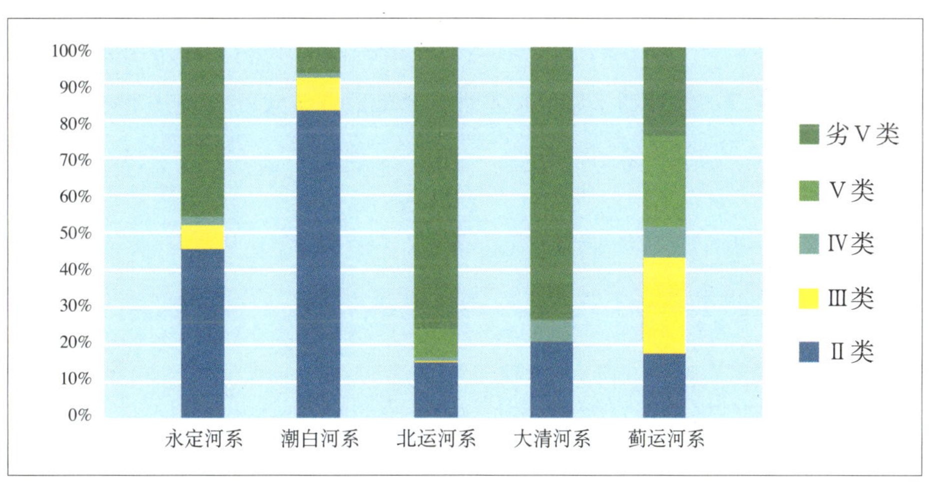

五大水系水质类别长度百分比统计

全年共监测有水水库 16 座，平均总蓄水量为 15.9 亿立方米，其中：大中型水库除官厅水库水质为Ⅳ外，其他均符合Ⅱ～Ⅲ类水质标准。达标蓄水量 14.08 亿立方米，占总蓄水量的 88.7%。主要污染指标为总磷、高锰酸盐指数和化学需氧量。密云水库和怀柔水库水质符合饮用水源水质标准，营养级别属于中营养。官厅水库水质为Ⅳ类，不符合规划水质要求，主要污染指标为化学需氧量、高锰酸盐指数、氟化物。

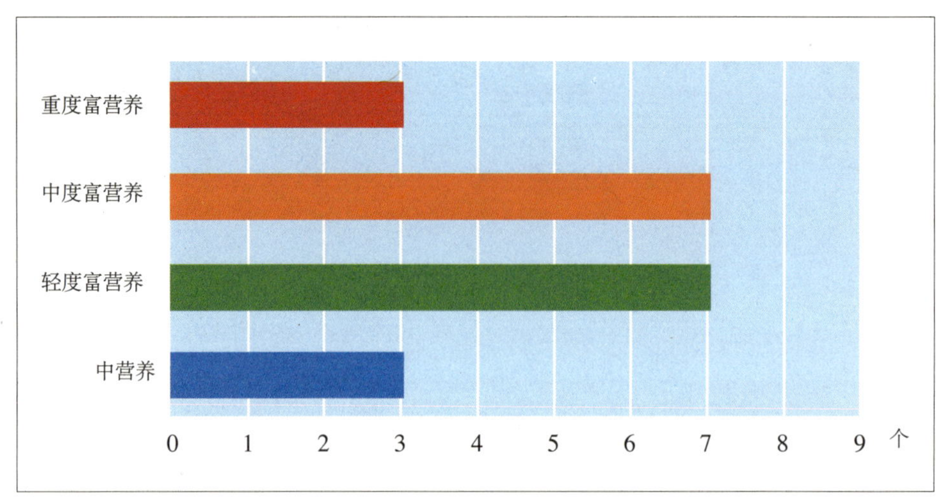

全市湖泊各营养级别个数

（2）地下水

2013 年北京市按照《地下水质量标准》（GB/T 14848—93）对地下水水质指标进行综合评价。浅层水以Ⅲ类区和Ⅳ类区为主，主要超标指标为总硬度、氨氮、硝酸盐氮；深层水以Ⅲ类为主，主要超标指标为氨氮、氟化物、锰、铁等；基岩水水质较好，除丰台区的王佐和房山区的篓子水因总硬度超标评价为Ⅳ类，海淀区西埠头、石景山区秀府村西和房山区上万监测井因个别指标超标，水质类别为Ⅳ类外，其他取样点水质均为Ⅱ类或Ⅲ类。

密云紫海香堤

三、农业生态保护

近年来，为保障首都蔬菜、水果、肉类、禽蛋、牛奶等“菜篮子”产品的有效供给，满足市民日益增长的绿色消费需求，增加从业农民收入，北京市积极推进都市型现代农业发展，注重保护农业生态环境，在农产品安全、农业源污染防治、景观农业建设等方面加大资金投入和政策扶持，有效地保障了首都菜篮子和米袋子的质量和安全，显著改善了农业的生产环境，提升了都市型现代农业的可持续发展能力。

1.农业发展现状

（1）种植业

①耕地基本状况

根据2012年北京市国土局资料，北京市人均耕地仅0.2亩，在全国4个直辖市中耕地面积最小，人均耕地面积只有全国平均水平的1/6。

北京市的耕地主要分布在大兴、通州、顺义、延庆、房山、密云6个区县，约占全市耕地面积的80%。受诸多因素影响，北京市农田分布呈“大分散、小集中”格局，耕地分布格局较散造成农田分布不均，影响了规模农业的发展和土地利用效率提高。

②发展规模与布局

随着城市化的加快与平原造林工程的实施，近年来种植业的规模和产量都不断减少。2013 年，北京市农作物播种面积 24.2 万公顷，其中粮食作物 15.9 万公顷、油料作物 0.3 万公顷、蔬菜及食用菌 6.2 万公顷、瓜类与草莓 0.7 万公顷。粮食作物播种面积中，玉米为 11.4 万公顷，小麦为 15.9 万公顷。2013 年全市粮食产量 96.1 万吨，比上年减少 15.6%；蔬菜产量 266.9 万吨，比上年减少 23.1%。北京市的粮食生产主要集中在大兴、顺义、通州、房山、延庆、密云、平谷、怀柔 8 个区县，其播种面积占到全市的 95.1%，产量占到全市总产的 95.5%。

2013 年北京市粮食和蔬菜种植分布图

③设施农业的发展情况

近年来，北京市相继出台相关扶持政策大力发展设施农业，2008—2012 年全市每年新建设施农业保护地 4 万亩。2013 年，全市设施农业面积累计已达到 35.1 万亩，用于蔬菜生产的设施农业面积占到农作物耕地面积的 10.6%，蔬菜产量占全市蔬菜总产量的 40.1%。

专栏

不容忽视的“菜篮子”

目前农产品的大市场、大流通格局为满足北京市居民消费需求提供了有力支撑，但与此同时，鲜活农产品大范围、长距离、跨区域购销，不仅增加了流通成本，而且带来了质量安全、疫病传播等隐患。尤其是在突发自然灾害造成主产区产量锐减或者运输受阻的情况下，城市鲜活农产品供应风险加大。国际上主要的大城市一般都保障7天的食品应急供应能力，党中央国务院也把保持一定的“菜篮子”产品自给率、稳定“菜篮子”产品价格作为“菜篮子”市长负责制的重要考核内容。当前，北京市主要农产品的自给率偏低，蔬菜的自给率仅为30%左右。因此，稳定现有蔬菜生产面积，保证一定蔬菜产品自给能力，提高“菜篮子”控制率，确保首都7天“菜篮子”应急保障与稳定供给，仍然是北京市都市现代农业建设中的首要任务。

（2）畜禽养殖业

①发展规模

2013年，北京市生猪出栏292.69万头，肉禽出栏1.18亿只，鲜蛋产量14.90万吨，生鲜乳产量66.4万吨，肉牛出栏11.9万只，肉羊出栏89.98万头。现有畜禽规模养殖场（小区）2 312个，畜禽存栏2 144万只，规模养殖场（小区）畜禽存栏占全市畜禽总存栏的75%，基本形成以标准化规模饲养为主的格局。

②布局现状

经过多年的发展，北京市的畜禽养殖业已形成了生猪、奶牛、肉禽、蛋禽4个产业带，包括以城市发展新区为重点，涵盖平谷、顺义、通州、大兴、昌平和房山的京南生猪产业带；城市发展新区顺义、通州、大兴到房山的京南奶牛产业带，生态涵养发展区延庆、密云、怀柔的京北奶牛产业带；以生态涵养发展区为重点，从房山、门头沟、延庆、怀柔、密云到平谷环京西北肉禽产业带；以房山、延庆、怀柔、

林下蛋禽养殖

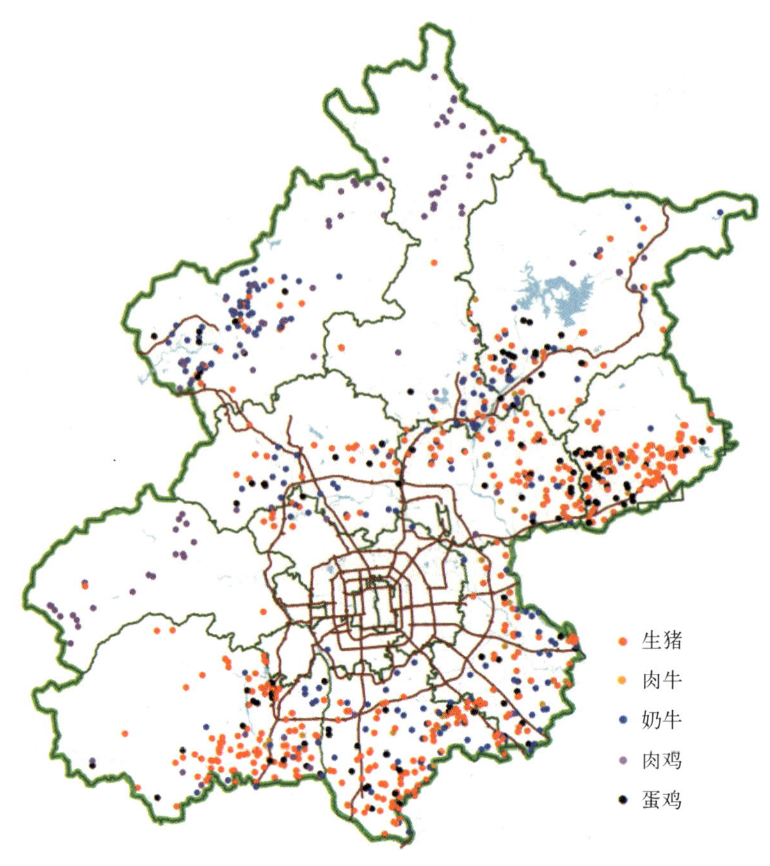

2013 年北京市畜禽养殖分布图

密云为主的京北蛋禽产业带，以大兴、平谷、通州为主的京南蛋禽产业带。

③生产效益

2013 年，畜牧业产值 140.52 亿元，占农业产值的 46.24%，养殖场（小区）和养殖户获效益近 20 亿元，2.5 万户农民的家庭总收入的 50% 以上来自从事畜牧养殖。北京市畜牧业的产业化水平较高，知名品牌和优势产品众多。建立了生猪、奶牛、肉鸡、肉鸭和蛋鸡五大畜禽良种繁育体系，培育出“中育”、“中顺”种猪及“京红”、“京粉”等蛋种鸡配套系，艾维因肉种鸡和北京鸭性能提高；培育出一批大型龙头企业，打造出“双大”、“华都”、“三元”、“鹏程”、“德清源”、“大红门”等知名品牌。

2.安全农产品行动

为保障农产品质量安全，北京市各级政府在农业安全生产和农业生产环境改善等方面开展一系列工作。2013 年，农业部组织有关质检机构对本市农产品质量安全状况进行了 4 次例行监测。监测结果表明：北京市生产基地和市场销售的蔬菜、水果、食用菌、茶叶、畜禽产品和水产品全年4次平均合格率分别为97.8%、96.1%、100%、100%、99.8%和100%，北京市农产品质量安全总体水平位居全国前列。

（1）强化土壤环境质量监测

2013年，全市13个郊区县设置长期定位土壤监测点155个，采样面积18 590亩，代表面积83 400亩，采样地块包括大田、温室等设施农田，涵盖了北京市主要种植类型，其中粮食66个、蔬菜48个、果品41个。监测项目为铅、铬、镉、铜、砷、汞和pH值7项。基于土壤环境质量二级标准，采用内梅罗综合污染指数法，对监测结果进行评价，综合指数为0.422，监测区域总体状况良好，农田土壤环境质量状况总体符合无公害农产品对产地环境要求。

房山区土壤环境监测

（2）严格管控农药使用

2013年全市农药使用量为713.87吨（有效成分，下同）。其中杀虫、杀螨剂约占总量的44.99%，杀菌剂和除草剂分别占总量的26.25%和24.53%，生物农药约占总量的2.28%，植物生长调节剂等其他农药为1.94%。抽检农药产品459个，涉及21个省市的192家农药企业，检测合格产品394个，不合格产品65个，总合格率85.8%，较2012年提高1.3个百分点。通过项目带动和推进病虫绿色防控，高毒农药已全部禁止，化学农药用量逐年降低，生物农药使用比例显著提升。

（3）加大生物防治

繁育天敌255.65亿头（其中赤眼蜂治虫蜂245亿头、周氏啮小蜂10亿头、异色瓢虫500万头、捕食螨6 000万头），较2012年增加44.15亿头。天敌昆虫应用从大田防治转向了园艺作物，由2种天敌扩大到5种，多种天敌在蔬菜生产中得到应用，应用面积突破了250万亩次。寡雄腐霉、矿物油、多抗霉素、辣根素等生物农药在蔬菜病虫绿色防控中发挥了主导作用。

媒体聚焦

千龙网讯 3月22日，北京市农业局召开“2013年北京市农产品质量安全工作会议”，对2012年农产品质量安全工作进行回顾，表彰2012年农产品质量安全工作先进区县、乡镇、基地，部署2013年农产品质量安全工作。北京市农委、北京市财政局、北京市工商局、北京市质监局的有关领导参加了会议。

工作会上，北京市农业局总农艺师陶志强对2012年农产品质量安全工作进行了总结回顾；对农产品质量安全工作的成效和面临的新形势进行了分析；从“一个目标”、“两个体系”、“提高三率”三方面，提出2013年工作重点和要求。

北京市农业局副局长吴宝新公布了2012年北京市“菜篮子”工程农产品质量安全工作评定结果，其中延庆县被评为“北京市农产品质量安全监管示范区县”；大兴区长子营镇等8个区县的8个县镇，被评为“北京市农产品质量安全监管示范乡镇”；北京永顺华蔬菜种植有限公司等13个涉农区县的105家农业标准化基地，被评为“2012年北京市‘菜篮子’工程优级标准化生产基地”。

在与区县代表签订“2013年北京市农产品质量安全工作责任书”后，北京市农业局赵根武局长做了动员讲话。他要求并期望：农业部门要切实履行好政府监管责任，执法人员坚决依法开展农产品质量安全执法工作，企业要做到守法和诚信经营，为首都人民提供安全的农产品，促进北京都市型农业的发展。

全市14个涉农区县农委（农业局）、北京市农业局属13个站（所）、北京市农业局11个相关处室和受表彰区县、乡镇、基地的代表共129人参加了此次会议。

3.农业污染防治

农业的环境污染从形式上分，有面源污染和点源污染；从实物形态上分，主要有农药、化肥、畜禽粪污、农膜和重金属污染等。而点源污染主要指规模畜禽养殖的粪污污染，其他则为面源污染。

（1）北京市农业污染现状

2012年，北京全市的化肥施用量为12.78万吨，化肥施用强度为38.6千克/亩，高于全国的29.7千克/亩的平均值。国际公认的化肥施用安全上限是15千克/亩，但目前北京市农用化肥单位面积平均施用量是该安全上限的2.57倍。2012年，北京市的农药使用量为3 789吨，农药施用强度为1.14千克/亩，高于全国的0.89千克/亩，也远高于发达国家的平均水平。

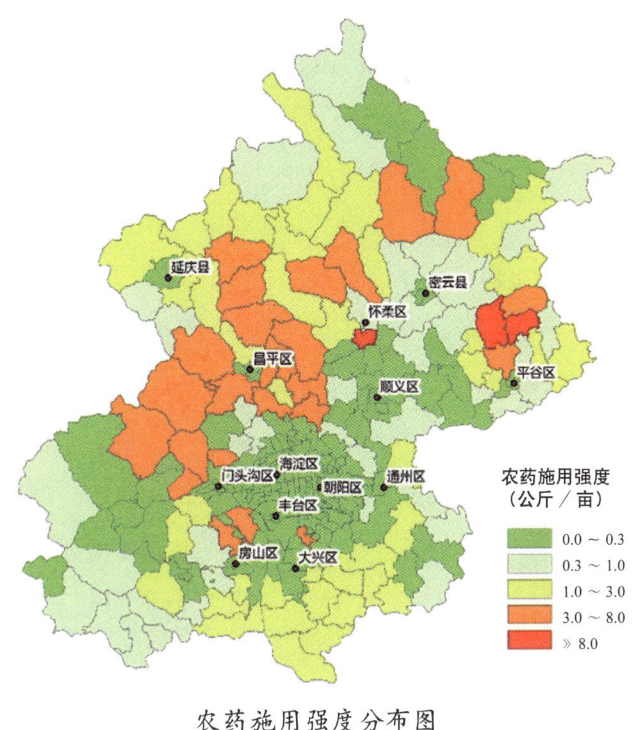

农药施用强度分布图

长期过量使用化肥，致使超量的化肥随水流失。大量使用农药，导致土壤和农产品污染，随水流失进而造成水体污染。重金属污染主要来自于养殖业，造成水体污染，又经污水灌溉影响着农产品质量。农业环境的污染直接或间接地影响到农产品的质量和产量，污染产生的亚硝酸盐和农药残留都直接威胁到人的健康。

据北京第一次全国污染源普查数据，2012 年北京市农业污染源 COD 排放量 7.8 万吨，其中 95.1% 来自于畜禽养殖业；总氮排放量 3.2 万吨，来自于养殖业和种植业的比例约为 3:1；总磷排放量 4 870.1 吨，92% 来自于（畜禽和水产）养殖业；氨氮排放量 4 667.6 吨，93.1% 来自于（畜禽和水产）养殖业。

（2）2013 年北京市农业源污染防治

为降低北京市农业源污染，改善农业生态环境，2013 年，北京市重点在肥力监测和配方施肥、北运河流域综合治理、畜禽养殖退出与粪污治理等方面开展了大量工作。

①加大肥力监测和配方施肥推广

化肥施用强度分布图

2013 年在京郊 13 个区县共设置监测点 147 个，其中有效监测点 145 个，代表面积 90 190 亩。依据《北京市耕地土壤养分分等定级标准》分级，高肥力（包括较高、高）地块 51 块，面积 21 070 亩，占总监测面积的 23.4%；中等肥力地块 70 块，面积 51 140 亩，占总监测面积的 56.7%；低肥力（包括较低、低）地块 24 块，面积 17 980 亩，占总监测面积的 19.9%。监测点土壤养分综合指数 64.2，属于肥力中等水平。长期定位监测点土壤养分综合指数呈现前期提高后期保持稳定的局面，土壤养分综合指数由2003年的49.1提高到2013年的64.2。测土配方施肥技术推广面积465.2万亩，涵盖9个区县的粮食、蔬菜、果树和经济作物。推广专用配方肥14.45万吨，应用面积297万亩。全市各类农作物总增产19.87万吨，总增收节支4.68亿元，农作物亩均节肥2.04公斤，总节肥0.95万吨。

②实施北运河流域综合治理工程

采取生物、厌氧和生态等技术，完成规模养殖场粪污治理与资源化利用工程13个，可削减COD 200余吨；在通州宋庄花卉基地、顺义汀澜生态农庄等地建设以沼气为核心的农业废弃物循环利用工程14处。在实现资源化利用、降低污染的同时，减少了化肥使用量，有效控制了面源污染，促进生态循环农业建设。实施测土配方施肥30万亩，辐射带动面积超过100万亩，在北运河流域内年减少化肥量25%左右，有效地保护了流域的农业生态环境；全面禁止使用高毒、高残化学农药，大力推广使用低毒、低残农药和生物农药，生物农药使用量比上年提高30%；推广实施生物防治、物理防治、精准施药等13项成熟技术，覆盖蔬菜种植面积4万亩，农药使用量年减少20%。

北京市配方施肥示范

③强化畜禽养殖粪污治理

2013年北京市全面推行规模养殖“干清粪”处理方式，实施固态粪与污水分离。本着减量化、无害化和资源化的原则，对以生猪、奶牛为重点的规模化畜禽养殖场粪污，采用能源环保模式、环保模式、生态循环模式和发酵床模式进行治理。截止到2013年年底，实施规模化养殖场粪污治理与资源化利用工程805家，年可利用粪便资源量400余万吨，占全市总量的80%以上；化学需氧量（COD）、氨氮分别比2010年底水平降低12%、10%，使北京市成为全国第一个完成“十二五”农业水污染物减排目标的省（市）。

4.积极发展景观农业

景观是指土地及土地上的空间和物质所构成的综合体。景观农业是对农业生产、生态和生活功能更深层次的拓展，是农业生产性与审美结合、科技与生态平衡融合、观赏性与参与性结合的一种农业形态。北京市在都市型现代农业发展中，积极建设景观农田、发展景观农业，使农业的基本功能由单一的生产功能拓展为生产、生活和生态功能相融合，促进了观光休闲旅游业的发展，使都市型现代农业在有限的自然资源条件下发挥了更大价值。

2013 年，北京市在发展景观农业方面主要开展了以下工作。

一是组织开展了油菜品种筛选、引种试种、花期提前延长试验和食葵新品种筛选、景观搭配试验，建立油菜景观栽培示范点 5 个（示范面积 5 200 亩）、向日葵示范点 10 个（示范面积 4 059 亩），并通过辐射带动，景观种植分别达 10 500 亩和 24 966 亩；筛选出可补充搭配种植的早花型色素万寿菊新品种，有效解决了延庆四海的万寿菊品种单一问题；筛选引进了 5 个茶用景观作物；继续开展延庆井庄镇艾官营景观作物展示基地建设。

二是为千家店百里画廊葵海、石城云梦花香、大兴西北台村林下景观、朝阳蓝调庄园、密云太师屯人间花海提供景观效果提升技术服务；协助开展了京郊旅游“十、百、千、万培训”，为密云、延庆、海淀等区县提供休闲农业、景观农业技术培训。

三是举办了第三届北京农田观光季活动，向市民推介了包括油菜花、向日葵、中药材、水稻、薰衣草、花卉、南方水果、食用菌、水果、瓜果蔬菜等观光主题在内的 110 个观光点，通过编制发放观光地图、网络宣传等方式，向市民提供休闲观光信息服务，吸引观光 675.46 万人次，带动观光旅游收入 2.71 亿元。

延庆县四海镇四季花海

四、城市绿化生态

城市绿化是在改善城市生态环境，创造融合自然的生态游憩空间和稳定的绿地的基础上，运用生态学原理和技术，借鉴地带性植物群落的种类组成、结构特点和演替规律，以植物群落为绿化基本单元，科学而艺术地再现地带性群落特征的城市绿地。城市绿化在改善城市生态环境方面具有以下作用：净化城市空气、水分、土壤，保护人民健康；改善城市环境，创造舒适的小气候；提高城市景色美感和质量；丰富城市居民的文化精神生活。城市绿化功能的优劣是以单位土地面积的植物叶片总面积为主要标志，因此增加叶面积，也就是增加了城市绿化的生态作用。北京市人口聚集度高，汽车尾气、环境噪音等环境污染强度大，城市绿化生态对于增加首都绿地面积，降低环境污染都具有重要的作用。近年来，北京市积极启动一系列城市绿化生态工程，如城市休闲公园、城市绿道、屋顶绿化、社区园林、景观街巷等城市绿化生态工程，通过这些工程的实施，大幅地提升了首都的城市绿化水平、改善了生态环境质量。

1.城市休闲公园

为了进一步改善和缓解城市中心区绿量不足、绿地分布不均的现状。2013年城市休闲公园建设继续以代征绿地为土地来源，在居住区及人口密集区周边，以服务市民休闲，改善区域生态环境为目标，建设生态型、服务型绿地。全年高质量地完成新建公园绿地面积556公顷，改造公园绿地面积90公顷建设任务，超额完成市政府年初确定的新建15处、200公顷城市休闲公园绿地的任务目标，有效地改善了城市中心区居民环境，提升了居民生活品质。朝阳利泽、海淀兰德华庭、丰台东管头等休闲公园相继建成并对市民免费开放。

2.城市绿道

绿道是一种限于步行、骑行的线性绿色通道，通过连接公园、自然保护区、风景名胜区、历史文化遗迹和城乡居住区等，为人们提供休闲健身的绿色空间，具有生态保护、文化旅游、健康休闲、连接城乡等多种功能。建设绿道是提升城市绿化美化水平的新形式，是拓展城市绿色休闲空间的新载体，是促进市民绿色出行的新举措，是推动生态文明建设的具体实践。加快绿道建设有利于深化利用生态绿地，提升生态环境品质，丰富城市休闲空间体系；有利于倡导健康生活理念，促进市民绿色出行，缓解城市交通拥堵；有利于串联历史文化遗迹，展示古都文化魅力，促进城乡旅游发展；有利于构筑城乡绿色纽带，促进城乡互动交流，推动城乡一体化发展。

自2012年北京市第一条城市绿道——西城区营城建都绿道建成开放以来，北京市逐步加快了城市绿道的规划与建设步伐。2013年，结合北京市人大关于“服务市民健康生活，推进滨河、郊野公园绿道建设”的团体议案办理，北京市发展和改革委员会牵头研究编制了《北京市级绿道建设规划》，7月23日，北京市政府审议通过了《北京市级绿道建设总体方案（2013—2017年）》，正式开启了北京市绿道建设的进程。

2014年后5年，北京市将按照“统筹规划、分步实施，因地制宜、突出特色，以人为本、惠及民生，绿色出行、健康低碳”的原则，将绿道建设与绿色生态空间相结合、与景观文化资源相结合、与公共交通衔接相结合、与休闲健康需求相结合，通过合理布局，景观提升，节点连通，服务配套，构建“三环、三翼、多廊”的总体布局，贯通11个新城，覆盖全市16区县，建设市级绿道1 000千米以上，建成10处以上风景优美、富有历史文化特色、具有国际

城市绿道

影响力的游赏绿道区段，并示范带动区县绿道和社区绿道建设，形成覆盖城乡、特色突出、功能多样的绿道网络，把北京市级绿道建设成为绿色出行之道、山水休闲之道、文化魅力之道、城乡融合之道，成为北京市民健康生活的重要组成部分，成为推进中国特色世界城市建设的一道亮丽名片。

按照先易后难、先城区后郊区的建设时序安排，2013 年，北京市重点推进了二环路滨水绿道、“三山五园”绿道、六里桥至园博园绿道、温榆河滨水绿道、京密引水绿道等项目，主要集中在中心城区，并涉及通州、顺义、昌平 3 个新城。

专栏 

绿道项目简介

二环路滨水绿道，依托护城河滨水空间、二环路城市休闲公园建设，串联大观园、陶然亭公园、天坛公园、龙潭湖公园、德胜门、永定门等景观文化资源，全长约 30 千米。该绿道建成后，将为中心城增添一处新的风景线，对于展示古都文化风采，推动城区绿色出行具有积极作用。

“三山五园”绿道，位于郊野休闲环西北部区段，以“三山五园”皇家园林为依托，串联玉东公园、北坞公园、丹青圃公园等郊野公园，与颐和园、北京植物园、香山公园、西山森林公园等景点相联系，全长 30 多千米。该绿道建成后，将进一步提升“三山五园”地区的环境品质，丰富旅游休闲内涵。

六里桥至园博园绿道，由六里桥地区沿京港澳高速北侧绿地延伸，经永定河至园博园，串联万丰公园、天元公园、小屯公园、经仪公园、晓月湖公园、宛平城、卢沟桥，全长约 30 千米。该绿道将永定河绿色生态发展带、园博园、卢沟桥等自然生态、历史景观与中心城联系起来，为中心城居民享受西部生态文化空间提供了便利，同时也为该区域居民绿色出行提供了通道。

温榆河滨水绿道，属于森林休闲环绿道，西至沙河水库，沿温榆河滨河绿带至通州新城，串联巩华城、沙河闸公园、未来科技城滨水公园、小汤山农业示范园、东郊森林公园、通州商务园滨河公园、大运河森林公园等，全长约 85 千米。该绿道以温榆河滨水空间为依托，按照自然、生态、舒适的理念，倡导“骑行温榆河，水岸慢生活”，打造北京最美的骑行绿道，绿道建成后，将直接服务于回龙观、天通苑、北苑、望京、东坝、未来科技城、通州新城等多个大型居住社区和重要功能区。

全国政协礼堂屋顶绿化

3.屋顶绿化

随着城市建设的发展和人居质量需求的提高，城市土地的紧缺和环境绿化的矛盾愈加凸显，以屋顶绿化为主要内容的城市立体绿化正在迅速推广。在北京市“十二五”时期国民经济和社会发展规划中，北京将立体绿化确定为“十二五”重要发展目标，其中，北京市确定要完成屋顶绿化 100 万平方米。北京市从 1983 年第一座空中花园在长城饭店建成至今，全市屋顶绿化面

“屋顶绿化”名片

屋顶绿化可以广泛地理解为在各类古今建筑物、构筑物、城围、桥梁（立交桥）等的屋顶、露台、天台、阳台或大型人工假山山体上进行造园，种植树木花卉的统称。屋顶绿化对增加城市绿地面积，改善日趋恶化的人类生存环境空间，改善城市高楼大厦林立、众多硬质铺装道路取代的自然土地和植物的现状，改善过度砍伐自然森林、各种废气污染而形成的城市热岛效应，降低沙尘暴等对人类的危害，开拓人类绿化空间，建造田园城市，改善人民的居住条件、提高生活质量，以及对美化城市环境、改善生态效应有着极其重要的意义。

积已拓展至120万平方米。目前，东起四惠通惠家园，西至石景山中铁建大厦，仅长安街沿线建筑的屋顶已建成大大小小19座空中花园，总面积达123 840平方米，空中绿化带雏形初现。屋顶绿化要真正发挥缓解城市热岛效应、储蓄天然降水、吸附粉尘、改善城市生态等作用，其面积至少应该占到屋顶面积的10%，这已被世界立体绿化先进城市所证明。而相关统计数据显示，北京市目前的秃屋顶面积约为1亿多万平方米，每年还在以2 000万平方米的速度增长，北京市屋顶绿化工作仍任重道远。

中关村立体绿化

2013年各区县认真贯彻《北京市人民政府关于推进城市空间立体绿化建设工作的意见》精神，通过广泛动员、创新机制、开拓思路，大力推进屋顶绿化、垂直绿化建设，积极开拓城市立体绿色空间。全年新建屋顶绿化80余处、11万平方米，新建垂直绿化87千米。

社会在推动

2013年5月17日至19日《全国城乡立体绿化与美丽中国建设研讨会》在北京举办。会议研讨的内容包括：屋顶绿化、立体绿化与生态文明、美丽城市；国内外空中花园关键技术及新材料应用；立体绿化在建设生态园林城市中的地位及关键性技术；城市生态绿地设计的新思路、新技术；墙体绿化设计及工程的组织与施工；水泥地面、地下车库顶部、立交桥特殊绿化新技术；雨水收集、城市湿地和透水沥青新技术应用等，这对于推动北京的立体绿化工作，提高城市立体绿化的技术水平，都有重要的促进意义。

4.社区园林

社区园林的建设，可以有效增加城市绿地面积和居民娱乐休闲的场所。著名学者钱学森曾提出，园林应该存在于人们的生活中，而不是到公园、风景区去找园林。社区园林在一定程度上可以承担起居民休闲、娱乐、交往等活动场所的功能，可以减小城市中某些公共活动空间的负荷，缓解人与自然

北京星河湾

的矛盾。社区园林环境与居民日常生活息息相关，特别是对经常在社区活动的老人、儿童更为重要。它在很大程度上规定了居民的休闲模式，引导着居民的生活方式，直接影响到人们的生活质量、精神状态和城市面貌。随着北京市居民对生活质量和生活环境的要求越来越高，北京市政府顺应人民需求积极推动社区园林建设。

2013年北京市在高标准做好新建居住区绿化建设的同时，在现有绿地、社区空地、边角地、废弃地、房前屋后等一切可利用空间，补植补种彩色树种，推进中心城区特别是老旧小区的绿化改造提升。全面完成了南锣鼓巷、五道营、东花市大街、杨梅竹斜街等100条特色胡同街巷绿化美化景观提升工程，完成老旧小区绿化环境改造提升100处，居民生活环境得到直接改善。

典型聚焦

2013年5月由北京市海淀区园林绿化局主办的五棵松社区园艺中心落成。工作人员可以根据市民的个性化需求，帮助策划家庭园艺方案，并上门实施。这家社区园艺中心坐落在五棵松奥林匹克文化公园内，占地面积约600平方米。和普通的花卉超市不同，这里除了展卖时令花卉、园艺工具，还有一个个布置精巧的家庭园艺样板间供市民参观体验。还有阳台绿化、客厅绿化、厨房绿化、庭院绿化等10多个绿化样板间，展示了不同形式的绿化技术和绿化风格，市民通过参观样板间，可以直观地感受家庭园艺效果。如果市民有家庭园艺的需求，这里的技术人员可以上门帮助设计方案，进行建造、实施，并提供后期养护指导等服务。

5.景观街巷

城市街巷是形成城市形态的主要架构，是市民生活的重要场所，不仅影响着城市的整体风貌，也体现着城市生活质量。随着首都经济社会的不断发展，街巷景观的建设越来越受到社会各界的重视，通过街巷环境整治、街道沿边绿化美化等一系列措施提升街巷的景观性，是当前本市采取的主要措施。

2013年，北京市在巩固以往绿化建设成果的基础上，依据《城市道路绿化规划与设计规范》、《关于道路绿化有关问题的指导意见》等规范和标准，结合道路改、扩建和整治提升，突出以乔木为主的植物造景生态景观效果，建成了多条具有首都园林特色的城市景观道路。经统计，2013年城六区共新建道路绿地17处、约7公顷，改造道路绿地70处、41公顷。同时，通过加强城市主干道和快速路的行道树养护管理工作，巩固行道树这一首都绿化特色。通过冬季整形修剪、生长期病虫害防治和养护，逐步达到“人在林中走，车在树下行”的效果。

景观街巷

媒体聚焦

“百户千家花如锦，不似春时也醉人。”今天的东花市大街，开始重现前人诗句所描述的盛况。这条近千米长的街道在经过绿化提升改造后，整条街繁花似锦，花季长达6个月时间。据了解，包括东花市大街在内，2013年北京市对100条胡同街巷进行了绿化景观提升改造，预计10月份全部完成。

北京市园林绿化局表示，街巷绿化主要采取拆违还绿、见缝插绿、垂直挂绿等方式进行。除绿化外，还会增加路灯、设置座椅、点缀园艺小品，让市民在街面上漫步、休闲更惬意。

北京日报（2013－09－12）

野鸭湖湿地自然保护区

五、生物多样性保护

1.生物多样性现状和保护

生物多样性是指在一定时间和一定地区所有生物（动物、植物、微生物）物种及其遗传变异和生态系统的复杂性总称。它包括遗传（基因）多样性、物种多样性和生态系统多样性 3 个层次。生物物种是否丰富，生态系统类型是否齐全，遗传物质的野生亲缘种类多少，将直接影响到人类的生存、繁衍、发展。

（1）北京市生物多样性现状

①植物多样性

北京地区地形、气候、土壤多样，为野生植物生长发育提供了良好条件，形成了丰富的植被类型和复杂的物种构成。根据《北京植物志》和《北京植物检索表》（1962 年版、1964 年版、1975 年版、1980 年版及修订版）统计，北京地区有维管束植物 169 科 898 属 2 088 种。其中，属于国家二级重点保护野生植物有 3 种，包括：椴树科椴树属的紫椴、芸香科黄檗属的黄檗及野大豆。北京市人民政府于 2008 年 2 月 15 日批准公布了《北京市重点保护野生植物名录》，录入重点保护野生植物共计 80 种（类），其中，扇羽阴地蕨、槭叶铁线莲、北京水毛茛、刺楸、轮叶贝母、紫点杓兰、大花杓兰、杓兰 8 种列为一级保护，小叶中国蕨、球子蕨、白杆、青杆、华北落叶松、杜松、木贼麻黄、草麻黄、单子麻黄等 72 种（类）列为二级保护。

麋鹿

②动物多样性

北京地区的野生动物（脊椎动物）区系属于蒙新区东部草原、长白山地、松辽平原的区系成分，具有古北界向东洋界过渡的特征。据统计，北京陆生脊椎动物分布有89科460余种，按照《北京脊椎动物检索表》（1991），两栖类5科10种，爬行类8科23种，鸟类58科375种，兽类18科53种。其中，国家重点保护野生动物61种。国家一级重点保护的有金钱豹、褐马鸡、黑鹳、白鹳、金雕等10种，国家二级重点保护的有斑羚、灰鹤、白枕鹤、大天鹅、鹰隼类、雕鸮类等51种。列入北京市重点保护野生动物222种。北京市一级重点保护的野生动物15目26科48种，包括貉、狼、赤狐、豹猫、花面狸、大白鹭、中白鹭、鸿雁、燕鸻、毛腿沙鸡、白喉针尾雨燕、白腰雨燕、北京雨燕、蓝翡翠、黄腹山雀、王锦蛇、金线蛙等；北京市二级重点保护的野生动物17目44科174种，包括有水麝鼩、西马拉雅水麝鼩、黑龙江刺猬、东方蝙蝠、山蝠、普通伏翼、草兔、黄鼬、艾鼬、猪獾、狗獾、野猪、狍、苍鹭、夜鹭、豆雁、灰雁、小白额雁、赤麻鸭、翘鼻麻鸭、棉凫、琵嘴鸭、白眉鸭、针尾鸭、绿头鸭、岩鸽、大鹰鹃、北棕腹杜鹃、四声杜鹃、大杜鹃、中杜鹃、小杜鹃、噪鹃、戴胜、角百灵、短趾百灵、凤头百灵、蒙古百灵、大短趾百灵、云雀、毛脚燕、烟腹毛脚燕、金腰燕、家燕、崖河燕、岩燕、红尾伯劳、黑枕黄鹂、八哥、鹩哥、斑鸠、虎斑游蛇、黄脊游蛇、双斑锦蛇、乌梢蛇、东方铃蟾、中国林蛙、黑斑蛙等。

（2）2013年生物多样性保护工作

①加大对野生动、植物的调查和研究

开展第二次陆生野生动物资源实地调查工作，包括物种专项调查11项、地区专项调查12项。启动了第二次全国野生植物资源北京地区调查工作，完成了第二次全国重点野生植物北京地区调查工作方案及细则以及核桃楸等野生植物的野外试点调查；加大黑鹳、褐马鸡等重点濒危野生动物物种及栖息地的研究与保护，积极推进河北梨、丁香叶忍冬、百花山葡萄等极小种群野生植物的就地保护和迁地保护研究。

②积极应对 H7N9 禽流感

制定了 H7N9 禽流感疫情监测防控工作方案，下发了切实加强 H7N9 禽流感疫情监测防控工作通知，暂停受理野生禽类相关行政许可，加强重点时期的应急值守和重点区域监测和巡查强度，加强应急物资储备。组织开展区县对野生禽类养殖单位自查，北京市对北京动物园等 24 家养殖单位进行了重点检查，确保北京未出现重大 H7N9 禽流感疫情。

③加强野生动植物保护宣传

围绕国际湿地日、爱鸟周暨野生动物保护宣传月、《北京湿地保护条例》实施日、首个“北京湿地日”开展了主题为“保护湿地资源，建设美丽北京”系列大型宣传活动，努力营造全社会保护湿地、关爱野生动植物的良好氛围，提升广大市民保护野生动物、野生植物的意识。重点开展了以下宣传活动：一是组织开展了主题为“关爱鸟类，保护湿地，建设美丽北京”的第 31 届“爱鸟周”和“保护野生动物宣传月”宣传活动，并在元大都城垣遗址公园主办了启动仪式，首都师范大学和东城区东高房小学师生及野生动物保护志愿者参加了活动。二是召开了全市湿地保护条例宣传贯彻会议，对全市园林绿化系统学习、宣传和贯彻执行《条例》进行动员和部署。三是组织实施了形式多样的《条例》实施日宣传活动，共发放各类宣传材料 17 万份，宣传教育市民 8 万余人，并开展了宣传《条例》征文活动和摄影比赛，1 000 余人参加了比赛，32 人获奖。四是在北京电视台新闻频道《锐观察》栏目制作了关于质疑野生动物作为宠物饲养的专题，呼吁公众不要饲养野生动物，更不要参与到野生动物贸易当中去。

野鸭湖湿地自然保护区

2.自然保护区建设现状和保护

自然保护区是指对有代表性的自然生态系统、珍稀濒危野生动植物物种的天然集中分布、有特殊意义的自然遗迹等保护对象所在的陆地、陆地水域或海域，依法划出一定面积予以特殊保护和管理的区域。自然保护区的建设对于保护自然本底生态系统、贮备物种、教育科研、美学价值等方面都具有重要意义。

（1）自然保护区的发展

北京市自然保护区始建于1985年。近年来，北京市自然保护区的发展已由“数量增长”转入“质量提升”模式。

截至2013年底，北京市已建立各级各类自然保护区20个，总面积13.42万公顷，自然保护区面积占全市国土面积的8.18%（见下表）。按级别划分，国家级自然保护区2个、市级自然保护区8个、县级自然保护区6个。按类型划分，森林生态系统和野生生物类型自然保护区12个、湿地生态系统自然保护区6个。环绕北京、覆盖大部分生物多样性中心的自然保护区网络体系已基本形成。其中，山区主要以松山、百花山、四座楼等森林生态系统和野生生物保护类型自然保护区为代表，平原则以野鸭湖、汉石桥等湿地类型自然保护区为代表。

近年来，各自然保护区管理部门和管理机构严格执行国家和北京市自然保护区有关法律法规，通过开展自然保护区科学考察、编制自然保护区总体

野鸭湖湿地自然保护区

规划、加强自然保护区建设、规范生态旅游行为、提高有效性管理水平、加大科普宣教力度、协调社区共管关系等，自然保护区整体水平有所提升，市民保护意识逐渐增强，全市90%以上的国家和地方重点保护野生动植物物种及栖息地得到有效保护。自然保护区已成为北京市生物多样性最丰富、自然历史价值最高、生态效益最好、自然景观最美、维护生态安全最重要的自然资源和生态系统区域，是应对气候变化危机的有效解决方案，是珍稀濒危生物的最后栖息地，是倡导生态道德、弘扬生态文化、引领生态文明重要基地。

北京市自然保护区名录

序号	自然保护区名称	面积／公顷	主要保护对象	类型	级别	主管部门	始建时间
京01	百花山国家级自然保护区	21 743.1	温带次生林	森林生态	国家级	1985/04/01	林业
京02	拒马河水生野生动物自然保护区	1 125	大鲵等水生野生动物	野生动物	市级	1996/11/01	农业
京03	石花洞市级自然保护区	3 650	岩溶洞穴	地质遗迹	市级	2000/12/01	国土
京04	蒲洼市级自然保护区	5 397	森林生态系统	森林生态	市级	2005/03/14	林业
京05	汉石桥湿地市级自然保护区	1 615	湿地生态系统及野生动植物	内陆湿地	市级	2005/04/04	林业
京06	怀沙河—怀九河市级水生野生动物自然保护区	111	大鲵、中华九刺鱼、鸳鸯等野生动物	野生动物	市级	1996/11/01	农业
京07	喇叭沟门市级自然保护区	18 483	森林生态系统	森林生态	市级	1999/12/01	林业
京08	四座楼市级自然保护区	19 997	森林生态系统	森林生态	市级	2002/12/29	林业
京09	云峰山市级自然保护区	2 233	天然油松林	森林生态	市级	2000/12/01	林业
京10	云蒙山市级自然保护区	3 900	森林生态系统	森林生态	市级	2000/12/01	林业
京11	雾灵山市级自然保护区	4 152	森林生态系统及金钱豹等珍稀动植物	森林生态	市级	2000/12/01	林业
京12	金牛湖县级自然保护区	1 000	鸟类及其生境	野生动物	市级	1999/12/01	林业
京13	莲花山县级自然保护区	1 470	森林植被与人文景观	森林生态	市级	1999/12/01	林业
京14	朝阳寺木化石市级自然保护区	2 050	木化石	古生物遗迹	市级	2000/12/01	国土
京15	太安山县级自然保护区	3 470	森林及野生动植物	森林生态	市级	1999/12/01	林业
京16	松山国家级自然保护区	4 660	温带森林和野生动植物	森林生态	国家级	1986/07/09	林业
京17	白河堡水库县级自然保护区	8 260	水源涵养林	森林生态	市级	1999/12/01	林业
京18	野鸭湖湿地自然保护区	8 700	湿地生态系统及鸟类	内陆湿地	市级	2000/12/01	林业
京19	玉渡山县级自然保护区	9 820	森林与野生动植物	森林生态	市级	1999/12/01	林业
京20	大滩县级自然保护区	12 130	天然次生林及野生动植物	森林生态	市级	1999/12/01	林业

数据来源：北京市环境保护局。

（2）2013 年自然保护区建设主要工作

2013 年北京市政府积极推进自然保护区保护与建设，重点完成了百花山保护区基础设施一期建设，建设保护点 8 处、检查站 3 处、新增界碑 20 块、界桩 1 040 块，完成了气象观测站、水文监测站等科普宣教以及管理站、综合业务楼等设施建设。开展百花山宣教基础设施建设和旅游服务基础设施建设，新建了景区大门、售票处、检票处，对木栈道进行了维护，提升了生态旅游接待能力。推进松山全国示范自然保护区建设，完成了二期竣工验收，积极推进三期工程立项。开展市级自然保护区本底资源调查，完成了野鸭湖、汉石桥、云蒙山、雾灵山、蒲洼等自然保护区本底资源调查报告审定稿，为摸清自然保护区资源本底奠定了基础。

3.湿地保护与恢复

湿地与森林和海洋并称为全球三大生态系统，具有涵养水源、净化水质、调蓄洪水、控制土壤侵蚀、补充地下水、美化环境、调节气候、维持碳循环和保护海岸等极为重要的生态功能。湿地还是许多珍稀野生动植物赖以生存的基础，对维护生态平衡、保护生物多样性具有特殊的意义。

湿地是北京城市生态系统的重要组成部分，承载着首都生物多样维持、水源涵养、蓄洪防旱、净化水质、区域气候调节、环境美化、文化传承等多种生态功能，研究结果表示，单位面积湿地年生态系统服务价值是森林的 8 ～ 10 倍。湿地为北京市近 50% 的野生植物、76% 的野生动物提供了栖息地，

2013 年 3 月 13 日，北京市第 31 届“爱鸟周”启动仪式

北京市“爱鸟周”宣传活动

其中72%的鸟类、近50%的爬行类动物与湿地息息相关，湿地已经成为北京市生物多样性保护的关键区域。

（1）湿地的发展状况

北京历史上湿地资源丰富，分类较多，素有“海淀”、“温泉”、“先有莲花池，后有北京城”之说。截至2012年，北京的湿地总面积比1573年减少了2 000多平方千米，占北京市总面积比例从15.28%下降到3.13%。1573年，北京的湿地面积占到5 700余平方千米，占北京总面积的三分之一；而20世纪50年代，北京的湿地已经“退化”到2 568.23平方千米，占总面积的15.28%，到2012年，北京市湿地面积仅有514平方千米，占全市国土面积的3.13%。其中，河流、沼泽等天然湿地2.38万公顷，占46.4%；蓄水区、水塘、灌溉沟渠、水田等人工湿地2.76万公顷，占53.6%。此外，北京人工湿地多，湿地斑块化明显、连通差。16个区县共有湿地1 916块，其中8公顷以下湿地1 300块，占67.8%，100公顷以上湿地仅71块，占3.7%，且湿地大都严重缺水，生态功能退化。

在经历20世纪60年代向湿地要粮食、80年代向湿地要工厂、90年代向湿地要楼房的一系列演变后，2000年成为北京湿地保护的分水岭。2001—2002年，《北京市湿地保护行动计划》、《北京市湿地保护工程规划（2001—2010年）》颁布；2007年，北京市提出北京湿地保护恢复10项重点工程，并对全市1公顷以上的湿地开展全面调查；2012年，《北京市湿地保护条例》经北京市人大常委会审议通过，自2013年5月1日起执行，并确定每年9月的第三个星期日为“北京湿地日”。

（2）2013年湿地保护主要工作

2013年北京市湿地公园建设与湿地保护恢复工程稳步推进，湿地公园和湿地自然保护区总数达到13个。新批准建立了门头沟雁翅、密云穆家峪、平谷小龙河3个市级湿地公园，使得北京市湿地公园和湿地自然保护区总数达到13个，其中湿地公园7个，湿地自然保护区6个。推进野鸭湖、汉石桥等湿地保护恢复与建设，完成了野鸭湖湿地保护恢复工程，恢复湿地185公顷，建成了野鸭湖湿地科研综合楼、湿地文化广场、巡护道路、围栏区界设施、野生动物救助站及保护站等设施，提高了保护区科普宣教及管护能力；汉石桥恢复湿地133公顷，累计湿地面积达533公顷，加大了杨镇中心区及周边地区污水收集处理力度，全年可为湿地提供处理达标再生水150万吨。围绕平原地区百万亩森林建设，启动实施平原地区湿地恢复及建设。在通州、大兴、延庆等区县实施平原地区湿地恢复及建设1 066.7公顷，改善了湿地生态质量。

北京郊外民俗村

六、区域生态建设合作

京津冀区域包括北京市、天津市以及河北省的保定、廊坊、唐山、邯郸、邢台、沧州、秦皇岛、张家口、承德和石家庄。京津冀在地质、地貌、气候、土壤及生物群落等方面是一个完整的地域系统。对于人类社会来说，这个系统从来就有，并将永远存在下去。在这个系统中，京津冀人民山水相连，大都分布在海河、滦河流域，有着天然的联系。在这个半封闭区域生态系统中，京津冀的生态环境因子不断的循环流动、相互影响，要改善首都的生态环境质量，必须要加强京津冀三地的生态合作建设。

近年来，京津冀三地不断加强生态环境建设，以小流域综合治理为主，重点开展了京津风沙源治理、“三北”防护林、太行山绿化、退耕还林、坝上生态农业等工程，加大了工业污染防治力度，取缔、关停了多家污染企业；加大了流域水污染治理保护，地区生态建设和环境保护取得了一定进展，生态环境急剧恶化的趋势有所减缓。但由于历史原因和产业结构不合理，京津冀区域生态环境形势严峻，主要表现在：

一是京津冀的水资源短缺。根据规划，2015 年南水北调进京水量将达 10 亿立方米，全年水资源供给量为36.8亿立方米，按照常住人口2 018.6万人计算，北京市人均水资源供给量为182.3 立方米。天津市如果通过合理配置南水北调、引滦入津两大外调水源，增加供给量 8 亿立方米，全年供给总量增加 31.1 亿立方米，按 2011 年常住人口 1 354.58 万人计算，天津市人均水资源供给量为229.59 立方米。京津两个直辖市人均水资源量均远低于国际公认的人均 1 000 立方米的缺水警戒线。

二是京津冀的环境污染严重。北京、天津 2011 年可吸入颗粒物年日均值分别为 114 微克 / 立方米和 93 微克 / 立方米，高出世界卫生组织过渡期第 1 阶段目标值。据北京市监测中心数据，北京市 2013 年 $PM_{2.5}$ 年均浓度为 89.5 微克 / 立方米，超过世界卫生组织过渡期第 1 阶段目标值的 1 倍多。根据北京市 2012 年环境状况公报，北京市全年监测五大水系河段、湖泊及水库中，劣 V 类水质的河长占监测总长度的 42.1%，湖泊占监测水面面积的 14.6%，水库占监测总库容的 9.2%，中度及重度富营养湖泊占 45.5%。

三是京津冀的生态脆弱。京津冀地处我国北方农牧交错带前缘，主体为半湿润大陆性季风气候，为典型的生态过渡区，其生态压力已邻近或超过生态系统承受阈值。土地沙化、风沙危害、水土流失问题严重，土地资源保护迫在眉睫；生物栖息地受到严重干扰，本地乡土物种消失，以非乡土物种为主的园林绿化使生态系统单一，生物多样性受到严重威胁；地质灾害易发、频发。

为应对区域生态环境恶化趋势，构筑首都生态安全屏障，北京市积极推动京津冀区域生态建设合作，努力扭转京津冀生态环境向良性方面发展。2013 年，北京市重点在生态水源林建设合作，森林资源安全合作，水资源环境治理合作，农业合作方面开展了大量工作。

1.生态水源保护林建设合作

生态水源保护林，是指以调节、改善、水源流量和水质的一种防护林，主要建设在河川上游的水源地区，具有涵养水源、改善水文状况、调节区域水分循环、防止河流、湖泊、水库淤塞，以及保护可饮水水源等主要作用。

（1）生态水源保护林发展情况

河北省张家口、承德地区位于北京北部，是阻挡风沙侵袭首都的前沿屏障，也是密云水库、官厅水库的重要汇水区。2009 年以来，北京市政府与河北省政府合作实施京冀生态水源保护林建设合作项目。规划造林 100 万亩，分两期实施，其中 2009—2011 年（一期）完成 20 万亩，2012 年启动二期，每年完成 10 万亩。项目实行法人责任制、设计审批制、施工监理跟踪制、采购招标制、管护合同制、检查验收制等制度，苗木的采购、整地栽植、抚育管护全部按合同管理，由专业队施工，确保资金规范收支并提高使用效益。合作项目的实施，加快了两库上游流域荒山治理，发挥了森林多功能效益，提升了入库水质水量，得到了两地各级政府和干部群众的好评，推进了京冀区域生态建设和经济社会发展。截至 2012 年，京冀生态水源保护林建设合作项目完成造林 30 万亩，栽植各类苗木 3 215 万株。

北京市园林绿化局技术人员在丰宁县核查造林成效

（2）2013 年生态水源保护林建设

一是完成了 2012 年工程核查验收工作。2013 年，按照有关规定和要求，北京市于 2013 年 10 月 30 日—11 月 20 日组织开展了 2012 年度项目核查验收工作。共计抽取了 2012 年度项目的 134 个小班，面积 12 672.1 亩，涉及怀来、丰宁等 9 个县。通过对各县抽查小班现地的逐一检查和客观评价，项目总体造林面积核实率 100%、合格率 100%、平均成活率 89.3%，项目管理总体情况较好，实现了项目预期建设目标。

二是启动合作项目动态监测工作。为实现对合作项目生态、社会以及经济效益进行系统化和动态监测评估，北京市园林绿化局与北京林业大学合作开展京冀生态水源保护林建设工程成效监测与评估研究，通过跟踪和评估京冀生态水源保护林建设合作项目的生态、社会和经济效益，总结经验和不足，并提出改进对策。据初步监测分析，项目区（一期）四县森林覆盖率由 40.8% 提高到 41.5%；京冀北部地区的生态环境有初步改善；有效降低了河道泥沙

生态水源保护林建设

含量；水土流失和风沙危害得到有效遏制，符合京冀生态合作发展方针；许多区域性小气候发生了变化，部分县的林业生态环境已经向良性循环转化；在国内外产生了较大影响；但京冀地区生态环境依然脆弱，风沙危害和水土流失还相当严重。

三是启动2013—2014年工程立项工作。根据《北京市—河北省2013—2015年合作框架协议》任务要求，积极推进2013年和2014年建设任务，加快京冀绿色生态带建设。组织张家口、承德“两市八县”完成2013—2014年京冀生态水源保护林建设合作项目实施方案的编制、审批工作。北京市园林绿化局负责项目监理的招投标工作，张家口、承德两市林业局负责组织八县开展工程苗木、施工的招投标工作。

2.森林资源安全合作

由于京津冀地区的天然联系，森林生态系统也存在密不可分割联系。外界对森林资源的破坏风险如森林火灾、病虫害、乱捕滥猎野生动物、乱采滥挖野生植物等，都会在京津冀森林生态系统引起整体性的危害。北京市政府在积极推动与环京周边地区共同合作造林的基础上，还通过加强森林资源安全合作，防止辖区外森林资源的破坏行为对北京森林生态系统造成危害。

2013年，北京市园林绿化局根据河北省森林病虫害防治检疫站提供的招标采购内容和要求，确定2013年300万元项目资金的使用计划，并严格制定招标文件，严把产品质量关。2013年采购担架式高射程喷雾器100台、20%除虫脲悬浮剂8吨、美国白蛾核型多角体病毒0.81吨、25%灭幼脲悬浮剂17.89吨、1.2%烟碱·苦参碱乳油10吨、1.0%苦参碱可溶性液剂11吨。截至2013年10月底，采购的物资已全部送达河北省指定区县，圆满完成了2013年度京冀林业有害生物防控区域合作项目。

3.水资源环境治理合作

河北省是北京市许多河流的发源地，也是北京市密云水库、怀柔水库的重要水源地。开展水资源环境治理合作，可以有效地保护区域内天然水系和流域的水资源，为此北京市与河北省开展了一系列的水资源环境治理合作工作，并取得了重要成效。

2005 年，北京市与张家口、承德两市分别组建水资源环境治理合作协调小组，确定 2005—2009 年，每年安排资金 2 000 万元，支持张承地区水资源环境治理。2006 年，安排资金 2 200 万元，实施了第一批 7 个项目。2008 年，安排资金 5 800 万元，实施第二批 6 个项目，包括跨区域的水环境保护与信息共享体系建设、湿地保护、排污管网改造、节水灌溉、垃圾填埋场和潮河生态恢复治理工程。截至目前，累计安排补助资金 1.4 亿元，建立了与张家口、承德两市的水资源环境保护合作长效机制。另外，2008 年，为提高密云水库的监测预警，北京市对承德地区的潮河段水环境监管能力建设给予了 200 多万元资金支持。这些项目的实施不仅增加了上游来水，同时也改善了水质，特别是为官厅水库恢复饮用水功能作出了贡献。

2006 年，为增加密云水库来水量，改善水质，在延庆县、怀柔区进行“退

湿地保护宣传活动

稻还林”试点的基础上，在密云水库上游的张家口市赤城县开展了1.74万亩水稻田“稻改旱”试点。随后在北京市与河北省签署的“关于加强经济与社会发展合作备忘录”中，将“稻改旱”作为一项合作内容，扩大到密云水库流域河北省全部地区，共计10.3万亩。2007—2008年每亩补助450元，2009—2012年将补助标准提高到每亩550元，并按照10元/亩的标准安排工作经费，每年需安排补助资金5 768万元。截至2012年，累计安排合作资金3.3亿元。2013—2015年需安排合作资金1.7亿元。

4.农业合作

近年来，北京市委、市政府为保障首都市场的蔬菜、畜禽产品等主要农产品的供应和价格基本稳定，以实施新一轮“菜篮子”工程为重要抓手，按照“政府引导、企业主体、市场运作、稳定供应”的原则，不断强化京津冀农业合作，持续加大紧密型农业外埠生产基地建设力度，取得了一系列重要成效。

（1）蔬菜合作

北京市农业部门及时向河北相关部门提供市场需求信息，了解河北实时蔬菜生产及产品供应信息，保证首都蔬菜市场稳定供应。积极组织本市蔬菜龙头企业与河北相关基地及合作社的紧密合作，在张北、沽源、尚义、康保等县市，建立规模优势集中、品种种类齐全、质量可靠安全的夏淡季精品蔬菜生产基地；在天津武清及河北容城、滦南、肃宁、玉田等县市，建立冬淡季蔬菜生产基地，向首都市场提供更多优质安全蔬菜产品。2008—2013年底，共在张家口坝上地区6个蔬菜重点生产县实施蔬菜膜下滴灌工程面积13.7万亩，张家口供京蔬菜由每年120万吨增加到每年240万吨以上。2011—2013年，北京市11家涉农龙头企业在环京周边地区建设蔬菜生产基地7.43万亩，共生产蔬菜45万多吨，其中37.1万吨直接供应北京市场，供京比例达82.4%。

（2）畜牧业合作

北京市农业部门积极引导北京市龙头企业开展外埠生产基地建设，在河北建设存栏15万头奶牛的养殖基地，建设年出栏50万头的生猪生产基地。发挥北京“种业之都”优势，进一步加强种猪、蛋种鸡、奶牛良种精液优势畜禽品种的推广，为河北畜牧业发展提供优质的种源条件。积极引导企业将配合饲料生产基地逐步向河北转移。由上规模、上效益向高品质、高科技方向转变。截至2013年年底，河北省年供京生猪约300万头；二商集团、顺鑫农业、北京奥天农业、北京九鼎种猪等企业在河北建立生产基地 13 个，年出栏 50 万头；合作建场 10 个，年出栏 20 万头，产销合作模式收购 200 万头；首农集团、中地种畜等龙头企业在河北建立生产基地 10 个，年提供生鲜乳 2.5 万吨；华都、大发等龙头企业在河北建立生产基地 6 个，年出栏肉禽 5 000 万只，其中华都集团在河北滦平建设集饲料、种鸡、屠宰加工全产业链一体的生产基地，年加工肉鸡 3 000 万只，产品主要供应北京市场；北京北农大动物科技有限责任公司在河北曲周建设存栏 33 万套蛋种鸡场，年可向社会提供节粮蛋鸡商品代雏鸡 3 000 万羽，年产安全鸡蛋 3.29 万吨。

（3）渔业合作

北京渔业养殖以个体养殖为主，具有投入大、单产较高、效益较好的特点。而河北、天津两地渔业资源丰富，劳动力丰富，单产水平相对较低。三地之间的渔业合作处于在市场引导下，自发开展的阶段，合作规模较小，处于自然分工的初级阶段。截至 2013 年年底，北京市企业及个人在河北水资源丰富的地区共承包养殖面积 160 亩，主要集中在河北固安、涉县等地，养殖品种包括：罗非鱼、鲟鱼、鮰鱼、虹鳟鱼等，年产成鱼 20 万公斤，苗种 100 万尾。北京市养殖的鱼种向河北、天津大量销售。永乐店镇小务水产养殖专业村，以养殖草鱼、花鲢、白鲢等品种为主，每年向天津、河北两地销售鱼种 800 吨左右，可满足两地 5 600 亩养殖水面对苗种的需求，初步形成了产业化分工合作的养殖模式。

京津冀初步形成了渔业产业化分工合作的养殖模式

顺义郁金香鲜花港

七、生态产业发展

产业形态与结构直接关系到城市经济持续、健康、高速发展与资源环境的高效、永续利用，发展生态型产业是保障城市可持续发展的重要因素。近年来，北京市以科学发展观为指导，坚持走可持续发展道路，着力推进产业结构和产业布局调整，兼顾经济发展和环境保护，生态产业发展规模大幅提高，尤其是生态农业、生态林业、生态花卉产业已初具规模，不仅改善了首都的生态环境，还在农民增收、经济增长方面发挥了积极的作用。

1.生态农业

生态农业是按照生态学原理和经济学原理，运用现代科学技术成果和现代管理手段，以及传统农业的有效经验建立起来的，能获得较高的经济效益、生态效益和社会效益的现代化高效农业。它要求把发展粮食与多种经济作物生产，发展大田种植与林、牧、副、渔业，发展大农业与第二、三产业结合起来，利用传统农业精华和现代科技成果，通过人工设计生态工程、协调发展与环境之间、资源利用与保护之间的矛盾，形成生态上与经济上两个良性循环，经济、生态、社会三大效益的统一。

（1）生态农业发展现状

当前，首都农业正处于深刻变革的关键历史阶段，在资源环境约束、消费需求升级、市场竞争加剧的多重因素影响下，必须着力调整农业结构，转变农业发展方式，推进农业转型升级。随着资源和环境压力的进一步加大，北京都市型现代农业的进一步发展，需要更加节约有限的水土资源，依靠生态友好型的生产方式，保障农产品有效供给、实现农业可持续发展，更加有赖于有限资源的节约、高效、循环利用，更加有赖于生态环境的保护和改善。通过北京市各级政府多年的努力，截至 2012 年年底，北京市已建成了 4 个生态农业示范县、上百个生态农业示范村、数十个生态农业示范园区、几万个生态农业示范户，生态农业的发展规模和发展水平在国内都居前列。

北京市生态农业发展布局

（2）2013 年生态农业发展态势

2013 年北京市各级政府继续推动生态农业的发展，全年有 250 家企业的 460 个产品获得无公害农产品证书，认定产地规模 1 554.4 公顷。截至 2013 年年底，全市农业系统有效使用无公害农产品标志的企业 893 家，产品 2 236 个，

北京生态农业

实物产量 162.1 万吨，认定的种植业面积 1.6 万公顷。2013 年，8 家企业的 46 个产品首次获得绿色食品证书，4 家企业的 22 个产品进行了续展。截至 2013 年年底，全市农业系统有效使用绿色食品标志企业 28 家，产品 170 个，保护农业生产面积 2 184.5 公顷，实物总量 24.6 万吨；截至 2013 年年底，全市有机农产品种植业生产企业 77 家，产品 618 个，产量 1.4 万吨。

首届农业嘉年华

2013 年首届北京农业嘉年华活动时间为 3 月 23 日至 5 月 12 日，在昌平区草莓博览园举办。本次嘉年华由北京市委宣传部、北京市农委、北京市科委、北京市教委、北京市文化局及昌平区政府主办，以“自然 · 融合 · 参与 · 共享”为主题，以“观农业盛典，享花样年华”为宣传口号，着力打造一个突出农业主题、体现农业生产、生态、休闲、教育、示范等多功能于一体的都市型现代农业盛会。此次农业嘉年华的主体展区“三馆两园”是主办方与中国农业科学院、中国农业大学、北京市农林科学院等 10 多家高校和科研机构合作布置策划的。综合展示面积超过 10 万平方米，吸引了国内外农业参展企业 400 多家，集中展示了农业新品种 200 多种、农业种植新技术 400 多种，农业科技新成果 60 多项，汇集国际、国内优质农产品展销 700 多种。从开园到闭幕，首届北京农业嘉年华主场馆累计接待游客 100 余万人次，其中清明、五一小长假入园游客 30 余万人次，门票、销售等收入 3 000 多万元。周边草莓采摘园共接待游客 240 万人次，实现草莓销售收入近 2 亿元，草莓价格比同期增长 20%。

2.生态林业

生态林业是指遵循生态经济学和生态规律发展林业，是充分利用当地自然资源促进林业发展，并为人类生存和发展创造最佳环境的林业生产体系。它是多目标、多功能、多成分、多层次，也是组合合理、结构有序、开放循环、内外交流、能协调发展、具有动态平衡功能的巨大森林生态经济系统。北京市各级政府历来重视生态林业的发展，通过政府引导和扶持的方式，依据北京市林业的特点和分布情况因地制宜发展生态林业，采取以生态造林为主的综合发展，并立足本地林产品和资源，形成多层次、多品种生态林业开发体系，鼓励大力发展林下经济、林业果品经济、林业旅游等生态林业。2013 年北京市各级政府在巩固以往发展工作的基础上，重点在传统林业升级、新型林业建设、食用林产品质量监管方面开展了大量工作，取得了一系列重要成效。

（1）生态林业促进农民增收显著

全市果品、花卉、种苗、蜂业等传统林业产业加快优化升级，总产值达到 100 多亿元，已成为促进农民就业增收的重要载体和支撑。在平原造林工程建设和养护管理中，全市共吸纳 3.2 万农民就业，人均增收 4 000 多元。同

生态农业

林下养殖

林下养蘑菇

时，朝阳、海淀、昌平、大兴、通州、顺义等区县还结合自身实际，相应提高拆迁腾退、土地流转、困难地造林等补偿标准，切实保障了农民利益。

（2）新型林业产业发展迅速

全年新发展林下经济21万亩，累计达到50多万亩，产值达到20多亿元，带动10万户、30多万农民就业。拓展园林绿化多种功能，开展了“百万市民观光采摘游”和“三节一展”等系列花卉文化宣传活动，全市观光果园达到1 300个，接待游客1 000多万人次，果品采摘直接收入达到4.9亿元。森林旅游业蓬勃发展，全市各类森林公园累计接待游客650万人次，实现综合经营收入3亿多元。针对山区林下经济建设的特点，2013年开展了山区林下野生中草药及食用菌扩繁试验示范项目，引进示范种植桔梗、射干、知母、旱半夏等中草药，完成示范栽植365万株，面积350亩；引进林下野生菌，完成猪苓、松蘑等菌种的栽植示范工作。

3.花卉产业

花卉兼具物质和精神双重属性，承载着文化和服务双重功能。伴随着首都经济社会的转型升级，市场对花卉的消费需求也呈现日益增长的态势。花卉与城乡绿化、美化和生态环境保护密切相关，符合城市建设发展和城乡居民消费升级的要求。花卉产业集经济效益、生态效益、社会效益于一体，具有高投入、高产出的特点，是充分体现大都市发展特性、具有高端高效高辐射特征、适应市民新型消费特点的绿色产业。发展具有观光休闲和生态文化等多种服务功能的首都花卉产业体系，能够大幅提高京郊土地利用效率和生态效益。

(1) 花卉产业现状

近年来，北京市花卉产业工作深入落实科学发展观，紧紧围绕“三个北京”发展理念和“生态园林、科技园林、人文园林”建设要求，坚持科学发展，实施精品战略，充分发挥市场、科技、区位、资金优势，整合资源，优化产业结构，不断提升发展能力，花卉产业工作取得了重大进展。

(2) 2013 年花卉产业的发展态势

2013 年，全市花卉产业工作坚持以推动科学发展为主题，以转变发展方式为主线，按照 3 个园林行动计划的总体要求，以落实《北京市政府关于促进本市花卉产业发展的意见》和花卉产业“十二五”发展规划为重点，全力推进花卉产业各项工作再上新台阶。全年花卉种植面积 5 369.56 公顷，同比 2012 年增长 8.8%，产值 13.5 亿元，同比 2012 年下降 10%。设施花卉生产面积 821.14 公顷，同比 2012 年减少 5.6%，其中智能温室面积 160.67 公顷，同比 2012 年增加 5.6%。全市大中型花卉交易市场 40 个，花卉零售店 1 500 个，花卉生产企业 255 家，花农 1 100 余家。鲜切花产量 2 725 万支，产值 8 603 万元；盆栽植物 20 473 万盆，产值 6.4 亿元；观赏苗木 1 251 株，产值 3.5 亿元；食用及药用花卉 142.5 万千克，产值 1 400 万元，工业及其他用途花卉 2 943.6 万千克，产值 3 336 万元；花卉种球、种子、种苗产值 1.24 亿元。

郁金香种植

八、生态文明行动

2013 年北京市政府工作报告提出“要更加注重生态文明建设。生态文明制度进一步完善，全社会节约意识、环保意识、生态意识明显增强，形成合理消费的社会风尚”。近年来，北京市通过加强生态文明宣传和生态文化传播，积极推动北京市居民生态文明素养的提高和生态文化的培育，坚持走生产发展、生态良好的可持续发展道路，努力实现首都市民保护环境、改善环境人人有责的自我觉醒。

1.生态文明意识宣传

2013 年 3 月 29 日，在全市生态文明和城乡环境建设大会上，北京市委书记郭金龙强调指出，首都生态环境建设不仅是重大的民生问题，也是重大的政治问题，要认真落实中央指示，顺应群众期待，坚持首善标准，全面治理大气污染、污水、垃圾、违法建设四大环境难题，让北京天更蓝、地更绿、水更净，在生态文明建设上走在全国前列。中央、市委的决策部署，为北京市进一步加强生态文明建设指明了方向，提出了更高的要求。生态文明建设重在建设，贵在全民参与，要结合人们生产生活实际，大力宣传建设生态文明关系人民福祉、关系民族未来，引导全社会树立尊重自然、顺应自然、保

2013 年 5 月 1 日，《北京市湿地保护条例》实施日宣传活动在延庆县野鸭湖国家湿地公园举行

2013 年 9 月 15 日，首个“北京湿地日”宣传活动在北京市长沟湿地公园举办

护自然的生态文明理念，养成绿色、低碳、环保的生产生活习惯。2013 年北京市各级政府围绕大力宣传生态文明，大力提高公民的生态文明意识，举办多场生态文明知识宣传活动，把生态文明知识、生态文明建设成果宣传到农村社区、送到千家万户。

2013 年 4 月 11 日，北京市志愿服务联合会一级志愿者组织——绿色啄木鸟环保公益组织与文明引导员一起，向全市发出“携手建设美丽北京、共享生态文明成果”倡议书，并走上街头劝阻公共场所的不文明行为。绿色啄木鸟志愿服务队与文明引导员等各志愿服务组织、普通市民等 2 000 多名志愿者共同进行“推进生态文明公共文明引导在行动”系列活动，活动包括开展清洁环境卫生、清理随地吐痰、清理烟头、清除小广告、清理积存垃圾、清理绿地杂物及卫生死角治理活动，而且引导员们和志愿者们还将在各大公共场所、主要景点开展劝阻不文明行为，引导广大群众人人参与，共同维护首都生态文明环境。本次活动绿色啄木鸟服务队共计发放世界城市文明提示卡 200 张，小毛巾 100 条，面巾纸 100 包，北京地图 50 份。

2013 年 4 月 17 日大兴区在黄村街心公园举办了以“推动生态文明　建设美丽新区”为主题的宣传活动。旨在向全区人民传播建设美丽新区的正能量，倡导爱护环境的新风尚，增强群众法律意识、节约意识、环保意识和生态意识。公交中队队员与社区志愿者通过悬挂横幅、摆放展板、发放《倡议书》和宣传册的形式，向现场群众普及节能减排知识，倡导市民绿色出行、自觉遵守交通文明。鼓励新区人民积极参与新区生态文明建设，规范行为，自觉养成文明健康的生活习惯。

2013年9月11日，东城区在北京站前街公交站台举办了“9·11”公共文明引导日主题宣传，暨“推进生态文明 建设美丽北京”公共文明引导员站台服务用语技能竞赛。此次比赛内容包括宣传喊话、服务乘客、疏导客流等3个方面。所有参赛的公共文明引导员们在比赛中，各个精神饱满、表现出色，宣传喊话声音洪亮、主题突出、演示准确到位，做到了文明有礼、服务热情，宣传“生态文明”内容丰富、通俗易懂、有创意，对评委、乘客提出的问题回答准确。引导员们与20名来自北京165中学环保志愿服务队的老师、学生以及全国环保小卫士袁日涉一起，向过往市民发放低碳环保倡议书和环保书签。在集中宣传的同时，引导员们还积极与市民互动，开展了“环保知识有奖问答”活动。此次活动，共发动社会志愿者80名、发放各类宣传品5种750余件、劝阻不文明行为39件次，有效地宣传了生态文明。

媒体报道

公园宣讲团巡讲“生态文明 美丽北京”

2013年1月10日上午，来自紫竹院公园的十八大代表朱利君（左一）与公园职工宣讲团的团员青年交流参与宣讲活动的心得。当日，北京市属公园职工十八大精神宣讲团正式成立

养仙人掌扎一手刺，照样坚持工作；运送雏鹤时，暖水袋装热水给小鸟保温……面对来自市属公园的200多名同行，昨天成立的市属公园职工宣讲团，用身边的故事，展现了公园职工以党的十八大精神为指引，在首都生态文明建设、文化传承、服务游客等方面做出的默默奉献。

据介绍，北京市属公园职工宣讲团包括3支队伍、22名宣讲员，宣讲内容涉及党支部管理、文物古建、导游讲解、园艺绿化、动物饲养、游船游艺、科研教育等7类岗位。其中，党的十八大北京市代表团最年轻的“80后”代表朱利君是紫竹院公园职工，此前已在市属各大公园面向同事、学生、游客进行了21场主题宣讲。

一个月时间内，宣讲团将面向市公园管理中心系统党员干部、游客代表及部分晨练团体，举办13场“面对面、心贴心”的宣讲报告会，使党的十八大精神“进公园、进班组、进岗位”，鼓舞全体党员干部职工积极投身“和谐、平安、绿色、美丽、文明”公园的建设。此外，市属11家公园还在主要景区通道陆续推出了《北京市属公园科学发展十年成就展》，这些“美丽北京”新风景线，也是宣传党的十八大精神的新阵地。

北京市学习宣传贯彻党的十八大精神百姓宣讲团第五分团（公务员宣讲团），也为公园职工开展了财政增收、南水北调、纪检反腐、科研攻关等宣讲报告。

《北京日报》2013年1月11日

2013 年 10 月 11 日，东城区举办“推进生态文明　建设美丽北京”公共文明引导日宣传活动。引导员在公交站台上设立宣传站，与辖区社会志愿者一起采用，演讲、文艺演出、发放宣传材料等方式向候车乘客和过往市民宣传生态文明建设。龙潭、天坛中队的生态文明引导员结合自身站台地理位置，在龙潭公园和天坛公园周边的公交站台上设立宣传点，利用快板、三句半等方式，向到公园游玩的市民宣传生态文明，提倡文明游园、绿色出行。引导员还和街道志愿者一起，向游客发放文明游园倡议书。此次活动，共发动社会志愿者 70 名、发放各类宣传品 5 种 500 余件、劝阻不文明行为 19 件次，发挥了良好的宣传效果。

2.生态文化发展

生态文化概念的提出来自罗马俱乐部创始人佩切伊。他指出：人类创造了技术圈，入侵生物圈并对其进行过多的榨取，破坏了人类自身的生活基础，如果我们想自救，只有进行文化性质的革命，作出符合时代要求的文化转向，这必然形成一种新形式的文化，即“生态文化”。生态文化是一种生态价值观，反映了新的人与自然和谐的生存方式。生态文化也可以理解为一种社会意识形态，即以生态价值观为核心理念的社会意识形态，其目标是使人们在思想观念深处形成共同的价值取向。

北京面临着空气恶化、水体污染、垃圾无害化处理困难、交通拥堵、自然资源匮乏等方面巨大的生态环境压力，生态文化的培育具有强烈的紧迫性。2013 年 1 月 18 日，北京市市委书记郭金龙参加北京市十四届人大二次会议时呼吁，北京要在保障首都生态平衡的基础上，以生态促发展，以生态惠民生，依托首都生态文明建设，帮助民众实现绿色就业、生态就业。2013 年 3 月 29 日，郭金龙在北京市生态文明和城乡环境建设动员会上强调：北京是首都，加强生态文明

园博园

建设、营造良好环境是履行“四个服务”职责的重要内容，也是中央对首都工作的基本要求，更是广大群众对我们的新期待。北京市政府重点培育公民树立尊重自然、热爱自然的生态文化、以生态价值观为核心的社会意识形态，在全体市民中真正树立起人与自然和谐发展的生态文明观念。

2013 年，北京市通过政府推动、社会参与的方式开展了一系列活动，不断促进生态文化向前发展。

（1）举办生态型展会促进生态文化发展

2013 年 5 月 18 日至 11 月 18 日第九届中国（北京）国际园林博览会在北京举办。本届园博会“化腐朽为神奇”，在原永定河建筑垃圾填埋场的基础上，实施了大规模的生态修复工程，建成了永定塔、园博馆和主展馆三大标志性建筑、128 个城市展园和公共展园，整个园区总面积达到 513 公顷，绿化面积达到 349 公顷，不仅为北京这座历史文化名城增添了新的厚重文化底蕴，而且显著提升了首都西南部地区的生态环境质量，带动了区域经济社会跨越发展，成为新时期首都生态文明建设的成功实践。开园以来，共接待国内外游客 610 多万人次，受到社会各界和广大游客的广泛好评。2013 年 9 月 26 日在我国北方首次成功举办了第十一届中国（顺义）菊花展，来自全国 40 个城市、80 余家单位参展，创下了举办史上展期最长、参展城市最多、布展规模最大等多项纪录。高质量参展第八届中国花卉博览会并荣获团体金奖，积极推进了青岛世园会北京园建设，2014 年世界葡萄大会、2016 年世界月季洲际大会的筹办工作顺利推进。这些活动都为传播生态文化，培育公民的生态文化意识，发挥了积极的作用。

（2）开展丰富多彩生态文化建设活动

大力弘扬生态文明理念，2013 年全市创建首都生态文明宣传教育示范基地 10 处，创建花园式街道 4 个、花园式社区 58 个、花园式单位 148 个、园林小城镇 7 个、首都绿色村庄 86 个。组织实施了 2013 年北京郊区生态示范创建工作，截至 2013 年年底，全市已有 2 个国家生态县、11 个国家生态示范区（含密云县和延庆县）、91 个国家级生态乡镇（含原全国环境优美乡镇）、2 个国家级生态村、141 个北京郊区环境优美乡镇和 2 001 个北京郊区生态村（含原生态文明村、文明生态村）。成功举办了首届“国际森林日”植树纪念活动，以及首个北京湿地日和爱鸟周、零碳音乐季、科普宣传月、森林文化节等系列文化活动；开展了公园景区“五个 100”系列展示活动，与北京电视台合作拍摄了 45 集“北京公园群众文化活动巡礼”纪录片，受到社会各方面广泛关注，全市公园景区接待游客 2.6 亿人次。圆满完成“十一”期间中央领导向人民英雄纪念碑敬献花篮和全市花卉景观布置工作。

（3）强化社团推动生态文化建设的积极作用

2013 年 6 月 18 日，北京生态文化协会正式成立。北京生态文化协会属非营利性的省级社会团体，由北京地区从事生态环境建设、经营、管理、研究的企事业单位及科研院所、大专院校、新闻出版单位，以及一切关心和有志于推动首都生态事业发展的社会各界人士自愿组成。协会宗旨为“弘扬生态文化，倡导绿色生活，共建生态文明”。协会业务范围包括 8 个方面，分别为宣传生态文明理念，普及生态文化知识；传播绿色生产、生活方式，引导绿色消费；组织开展生态文化领域的理论研究，推动成果应用与示范；经政府有关部门委托，定期评选“北京生态文化示范基地”等；定期举办“北京生态文化高峰论坛”；繁荣生态文化产业，丰富生态文化产品；开展生态文化领域的国内外合作与交流；开展各种生态文化交流活动，组织生态文化业务

顺义国际鲜花港

培训。2013 年 6 月 28 日，第六届中国生态文化高峰论坛在北京市延庆举办，论坛主题为“弘扬生态文化，推进生态文明，建设美丽中国”。北京市副市长林克庆、中国社科院院长王伟光等多位领导出席，浙江省政协副主席、浙江省生态文化协会会长陈艳华、延庆县委书记李志军等各省市生态文化协会领导从多个方面总结了弘扬生态文化、促进绿色发展、倡导绿色生活的做法和经验，探讨了建设美丽中国新形势下生态文化的创新发展和引领问题。

媒体报道

第六届中国生态文化高峰论坛在北京延庆举行

第六届中国生态文化高峰论坛 6 月 27 日在北京市延庆县举行。开幕式上，中国生态文化协会授予北京市延庆县妫河森林公园为“全国生态文化示范基地”称号。全国政协副主席刘晓峰出席开幕式并讲话。全国政协人口资源环境委员会副主任、中国生态文化协会会长江泽慧作主旨报告。

本届论坛主题为“弘扬生态文化，推进生态文明，建设美丽中国”。来自各科研院所、大学、新闻媒体的专家、学者，分别从生态文化理论体系、政策完善、实践探索、学科建设等方面探讨生态文化的理论和实践问题，总结交流弘扬生态文化、促进绿色发展、倡导绿色生活的做法和经验，探讨建设美丽中国新形势下生态文化的创新发展和引领问题。

来源：人民网　蒋琪　2014 年 6 月 28 日

第二篇 精彩绽放

本篇导读

在 2013 年北京市生态环境建设中，留下了许多值得记忆的故事。有的掀开了重大任务建设的新的一页，如京津风沙源治理二期工程、北京市级绿道建设；有的为重大工程画上了一个完美的句号，如园博园建设、永定河绿色生态带治理；有的在生态环境建设长河中绽放出精彩的一幕，如东郊森林公园建设；有的在生态环境建设不同领域中成为示范典型，如怀柔沟域经济、平谷马坊小城镇绿化、密云绿色产业发展、延庆野鸭湖自然保护区建设。为更加详细地报告这些工程或案例，挖掘背后的经验与启示，我们将这些生态环境建设中的亮点列入本篇，采用新闻纪实的写法一一精彩呈现。

千里绿道：绘出城市休闲地图

制订发布市级绿道建设规划，启动“三山五园”绿道、温榆河绿道、园博园绿道等项目建设，让2013年成为北京市的绿道建设元年，一条条绿道不仅开启了城市绿化与健康休闲、绿色出行相结合的新模式，也提升了城市绿化景观，丰富了居民的生活休闲空间。

1.亲近自然低碳出游

随着人们生活水平的逐步提高，市民对健康休闲的需求不断增长，希望拥有更多的绿色空间。据统计，近3年来，北京市公园及风景名胜区接待游客数量以年均10%以上的速度增长，2012年达到2.7亿人次，特别是在节假日期间，公园、景点、景区的游客接待量接近饱和，表明人们喜爱户外活动，热衷亲近自然。

2013年，《北京市级绿道建设总体方案（2013—2017年）》通过市政府审议后发布。根据方案，今后5年，北京市计划投资30多亿元，建设市级绿道1 000多千米，串联11个新城，覆盖16个区县。构建“三环三翼多廊”的空间布局，串联200多处公园、风景名胜区、历史文化遗迹，可有效推动城区绿色出行，并提供百万人休闲健身空间。届时，北京市民可在公园、田野、河畔和山林中自由漫步或骑行，感受绿道建设带来的青山绿水、田园风光，享受绿道建设带来的轻松惬意、悠闲自得。同时，可增加绿道管护及相关服务就业岗位数千个，带动绿道沿线都市农业、民俗旅游、文化旅游、沟域经济等相关产业发展。其中，在2013年重点建设二环路滨水绿道、“三山五园”绿道、六里桥至园博园绿道、温榆河滨水绿道。

作为一种仅限于步行、骑行的线性绿色通道，绿道通过连接公园、自然保护区、风景名胜区、历史文化遗迹和城乡居住区等，为人们提供休闲健身的绿色空间，具有生态保护、文化旅游、健康休闲、连接城乡等多种功能。据了解，世界上第一条绿道始建于19世纪60年代。目前，许多国家和城市都开展了绿道建设，如美国东海岸绿道、美国芝加哥区域绿道、英国大伦敦地区绿道、新加坡绿道、广东珠三角绿道等。广东省是国内开展绿道建设较早、影响较大的地区，于2010年启动珠三角绿道网建设，4年多来，累计建成绿道6 000多千米，覆盖面积约5.46万平方千米；2012年，广东将珠三角绿道建设推广到全省范围，规划到2015年建成绿道近9 000千米。经过1个多世纪的探索和实践，绿道建设逐渐成熟和完善，已成为世界各国提升环境绿化水平和提高居民生活品质的重要手段。

对于北京而言，绿道是提升城市绿化、美化水平的新形式，不仅能够拓展绿色休闲空间的新载体，也是促进绿色出行的新举措，推动了城市的生态文明建设。从更具体的层面来说，绿道能够有效巩固提升生态建设成果，并推动建设成果融入城乡居民生活，引导市民绿色出行，有利于深化利用生态绿地，同时丰富休闲空间体系，打造美丽宜居城市，将休闲空间串联，增强休闲活动的普及性。对于拥有众多历史文化遗迹的古都来说，绿道能够有效地连接名人故居、特色街区、古村古镇等资源，在健康休闲中体验城市的深厚的文化内涵，展示古都文化魅力。此外，它还有利于构筑城乡绿色纽带，促进城乡协调发展，随着绿道体系的建设和完善，能够进一步促进城市和乡村的相互连通，推动城乡一体化发展。

北京市近年来不断加强生态环境建设，生态空间资源不断拓展，形成了中心城有城市休闲公园、近郊有郊野公园、新城有滨河森林公园、远郊有国家森林公园的四级公园体系；实施一道、二道城市绿化隔离地区绿化、重点

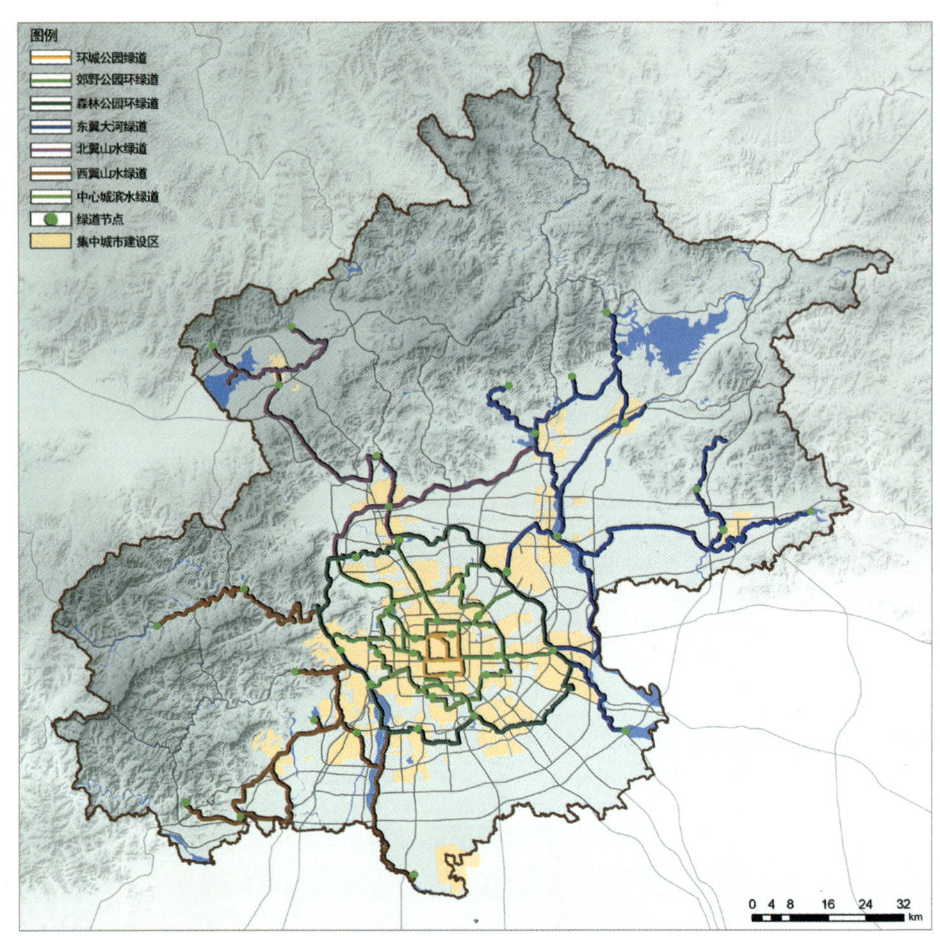

北京市绿道规划图

通道绿化等重大生态建设工程，加快永定河、潮白河、北运河三大河流综合治理，绿色生态发展带不断延伸；2012 年启动实施百万亩平原造林工程，两年完成造林近 60 万亩，新增 15 处万亩以上的城市森林。绿色生态空间不断丰富为绿道建设奠定了良好的生态基础。据专业人士介绍，建设绿道就是要充分利用现有生态建设成果，通过新建或改造绿道沿线绿化景观，提升生态建设品质，为人们进入绿色空间提供便捷、舒适的通道，让人们更好地享受生态建设成果，发挥生态绿地的综合服务功能。

从空间结构和发挥功能来看，北京绿道可分为市级绿道、区县绿道和社区绿道 3 个层级。市级绿道是全市绿道体系的骨架，串联全市重点生态空间、人文历史景观和主要功能区、居住区；区县绿道是市级绿道的延伸，串联本区县主要的绿色空间、历史文化景观和集中居住区；社区绿道串联社区周边绿色空间，直接服务社区居民。

温榆河骑行绿道

2.构建“三环三翼多廊”的空间布局

根据绿道区位、发挥功能及建设标准的差异，绿道可分为 3 类：一是城市型绿道，位于中心城、新城等城市建成区内，依托城市滨水空间、带状绿地建设，出行方式以步行为主、骑行为辅。二是郊野型绿道，位于城市建成区外，依托山谷、河流、林地、田园等自然生态环境建设，在山区和平原地区因自然条件差异而形成不同特色，出行方式以骑行为主、步行为辅。三是联络型绿道，在某些绿道无法连续的区域，在保障道路正常通行的前提下，通过借道城市道路的非机动车道实现绿道连通。

而绿道建设包括慢行道路、绿化景观、标识系统和配套设施等 4 类建设内容。其中慢行道路又分为步行道、自行车道、综合型绿道 3 种。绿化景观则分生态型绿道单侧绿化带与城市型绿道单侧绿化，宽窄不同，但都能营造与自然融合的园林式景观。同时绿道还应采取统一标识内容，包括解说牌、引导牌和警示牌三类，并根据实际服务需求、游客量等合理配置必要的交通接驳、给排水、电力、通讯、照明等基础设施以及驿站等服务设施。

绿道线路决定着绿道的服务范围、功能发挥、品牌影响，是建设绿道的前提和基础。布局绿道线路要充分考虑生态空间、景观资源、交通衔接、受众人口、现实需求、易于实施、上下衔接等因素，发挥市级绿道的骨架支撑、示范引领作用。公园、风景名胜区、历史文化遗迹、重点功能区、主要居住区、交通站点、民俗旅游村等都是绿道的重要节点。因此建设绿道要尽可能多的串联具有重要影响力的节点，提升绿道游赏的吸引力。绿道建设主要利用现有绿化生态建设成果，为进一步提升绿道的景观品质，需要新建或改造提升慢行道路两侧的绿化带，营造层次丰富、类型多样、季相明显、主题鲜明的绿化景观。

目前，北京市的绿道建设尚处于起步发展阶段。最初的雏形是位于奥林匹克森林公园、南海子郊野公园等大型公园内的健身步道。近几年，绿道逐渐走出公园，走向滨水空间，市内陆续建设了大运河绿道、妫河绿道、潮白河绿道、营城建都绿道等滨水绿道。

未来，北京市的绿道建设将以城市绿地系统为基础，以历史文化景观和自然生态资源为依托，充分考虑工程易于实施、市民方便到达、兼顾绿色出行等因素，规划市级绿道 1 260 千米，覆盖全市 16 区县，贯通 11 个新城，在空间上形成“三环、三翼、多廊”的总体格局。

其中，“三环”绿道指环城公园环绿道、郊野休闲环绿道、森林公园环绿道，分别沿二环路、第一道绿化隔离带、第二道绿化隔离带布局，将中心城、边缘组团、近郊新城、四大郊野公园和著名历史文化风景区联系起来。“三翼”绿道指东翼绿道、西翼绿道、北翼绿道，是以“三环”、“多廊”绿道为中心向山区和平原地区的延伸，分别将北京市东部、西南部和北部的风景名胜区、历史文化区和新城建设区联系起来。“多廊”绿道主要是沿城市河湖水系由中心城向外辐射的滨水绿道，主要沿护城河、昆玉河、北土城河、永引渠、京密引水渠、坝河、通惠河、凉水河等水系布局，并与“三环”绿道相连通，共同形成市级绿道体系的中心。

根据《北京市级绿道建设总体方案（2013—2017 年）》，2013 年计划实施环城公园绿道、郊野休闲环绿道部分区段、“多廊”绿道部分区段、温榆河滨水绿道等线路，约 175 千米；2014 年计划实施新城绿道、郊野休闲环绿道、“多廊”绿道，主要分布在六环内，约 260 千米；2015 年计划实施森林公园环绿道、“三翼”绿道近郊区段，约 280 千米；2016 年计划实施“三翼”绿道远郊区段，约 300 千米；2017 年计划实施“三翼”绿道剩余区段并打通断头绿道，约 245 千米。

山区绿色生态屏障

京津风沙源治理工程：巩固山区绿色屏障

京津风沙源治理工程自2000年启动实施以来，10余年间已逐步在北京西北部形成了一道以森林为主体的绿色生态屏障，有效阻挡了来自西北地区的外来尘源，改善了北京的人居环境质量，为保障首都生态安全作出了重大贡献。一期工程规划建设期限为2001—2010年，2008年经国务院批准，建设期延长至2012年。2013年，为了巩固一期工程建设成果，进一步减少京津地区沙尘危害，不断提高工程区经济社会可持续发展能力，京津风沙源治理二期工程（2013—2022年）也拉开了序幕。

1.打造绿色生态环境

京津风沙源治理二期工程启动和逐步开展，将进一步提升首都生态环境品质，促进绿色发展，实现生态环境建设与经济社会发展、农民增收良性互动，使工程区县成为生态良好、生产发展、生活富裕的典范，继续成为展示首都生态文明建设成果的重要窗口。而一期工程为生态环境治理所奠定的坚实基础以及取得的宝贵经验都为二期工程的顺利实施铺平道路。

一期规划工程区范围包括门头沟、房山（未纳入国家规划范围，纳入市级规划范围）、昌平、平谷、怀柔、密云和延庆7个区县。通过实施荒山造林、封山育林、退耕还林、人工种草、暖棚建设、小流域综合治理、生态移民等工程。截至2012年一期工程结束，北京市在京津风沙源治理一期工程累计营林造林708万亩，包括造林269万亩、封山育林439万亩；草地治理91.67万亩，其中人工种草52.8万亩、围栏封育38万亩、草种基地0.87万亩，暖棚建设38万平方米，饲料机械1 100套；小流域综合治理2 700平方千米，水源工程3 642处，节水工程1 100处；生态移民15 030人。

一期工程建设完成后，北京市的生态环境得到明显改善，山区森林覆盖率达到52%，林木绿化率达到72.8%，分别比2000年增加12.2和15.4个百分点，京津风沙源治理工程的贡献率达到90%以上。工程区涵养水源年可增加1.1亿立方米、水土流失年可减少157万吨；山洪、泥石流灾害发生率明显降低，由20世纪90年代的最高年发生7起，到目前最高年发生1~2起；建设小型污水处理站90座，工程区内78个村污水得到有效治理，小流域主要水污染物COD削减20%、总氮削减29%、总磷削减49%，出水水质全部达到地表水Ⅲ类以上标准；密云水库水质连续十年保持在Ⅱ类标准以上；沙尘天气明显减少，从工程实施初期的沙尘天气发生次数年均13次以上，到近两年减少到年均2~3次；北京市全年空气质量二级和好于二级的天数从2000年的177天增加到2011年的286天。延庆、平谷、密云、门头沟、怀柔、昌平等区（县）先后被评为国家级生态示范区（县）。

与此同时，山区县的经济发展方式明显改变。过去传统的散养变圈养、毁林变护林，以生态种养、农事体验、观光采摘、民俗旅游为主的山区特色产业发展迅速，林下经济、沟域经济等新型业态不断壮大。据统计，2006—2012年，工程区县民俗旅游总收入从3.6亿元增加到8.8亿元，年均增长16.1%。工程实施促进了工程区县调结构、转方式、上水平，生态涵养发展功能不断强化，经济社会发展能力不断提高。2000—2012年，工程区县地区生产总值由207亿元增加到1 666.6亿元，年均增长19%，高于全市平均水平3.5个百分点。

生态环境的改善不仅让农民增收，广大市民们也从更加整洁优美的环境中获益，涵养生态、保护环境、绿色发展等理念渐入人心，增强了生态文明意识。

许多山区农民都自觉参与到风沙源治理工程中，“保护生态环境就是保护生产力、改善生态环境就是发展生产力”的生态文明理念已成共识。山区农民成立了“经济林管理互助小组”、“农民用水协会”等组织，资源节约型、环境友好型的生产方式、生活方式、消费方式逐步建立。

2.规划首都宜居远景图

作为一项综合治理工程，京津风沙源治理工程点多面广，工程措施包括林业、农业、水利及移民四大领域 16 项，工程区涵盖全市远郊山区 83 个乡镇，工程管理涉及市区两级发改委、园林绿化、农委、农业、水利等多个部门。尽管一期工程已经结束，但改善生态环境依旧任重而道远。频繁的雾霾天气以及山区泥石流的发生，凸显了首都生态环境的严峻形势，民众对提升首都生态环境品质的需求也越来越迫切。

随着治理的不断深入，交通不便、水源缺乏、气候干旱、立地条件差等因素的制约越来越明显，提高了下一阶段治理的难度。与此同时，在当前北京市产业结构深度调整、发展方式加快转型、加快建设生态文明的重要时期，如何在实现工程区生态环境改善的同时，促进适宜产业发展、保护农民权益、引导农民增收致富，也是二期工程面临的重要挑战。

影响首都生态环境的因素复杂，一是北京气候干燥、水资源匮乏，自然资源支撑不足；二是生产、生活产生的废弃物和污染物排放量较大，超过了城市环境容量；三是受来自外埠地区的沙尘等大气污染物影响较大。要实现首都生态环境的根本性改善任重道远，必须统筹施策、多措并举，既要有绿化造林的增量、又要有节能减排的减量，既要有自身内部努力、又要有周边地区外部支持。因此，京津风沙源治理工程二期工程将坚持以巩固山区绿色生态屏障、提升生态环境承载力、促进发展方式转变为主旨，坚持增量

密云县全民义务植树

昌平阳坊人工造林运送客土

扩大和存量优化并重、全面提升和重点突破并举、生态涵养和经济发展并行，更加注重因地制宜、突出实效、培育产业，更加注重优化布局、集中连片、整体推进，更加注重技术创新、措施集成、综合治理，进一步优化美化工程区生态环境，促进工程区经济社会生态协调可持续发展。

根据《京津风沙源治理二期工程规划（2013—2022 年）》，北京市京津风沙源治理二期工程区范围包括门头沟、房山、大兴、昌平、平谷、怀柔、密云、延庆 8 个区县，涉及 137 个乡镇（街道、林场）。工程区土地总面积为 13 114.82 平方千米，山地占总面积的 62%。总体目标是到 2022 年，工程区内可治理沙化土地得到基本治理，宜林荒山全部实现绿化，水土流失得到有效控制，地质灾害易发区农民全部搬迁，农业特色产业蓬勃发展，京津风沙源治理工程的最后一道生态屏障得到巩固和加强，北京生态及人居环境得到明显改善，形成天蓝、水清、山绿的良好生态环境和林木葱茏、空气清新的良好人居环境。

在生态环境方面，森林覆盖率将提高 4.4 个百分点，林木绿化率提高 3.4 个百分点，健康森林比例达到 70% 以上，森林每公顷蓄积量提高 6 立方米以上，森林生态系统基本稳定；1 900 平方千米的水土流失面积得到有效治理，建成生态清洁小流域 130 余条，治理小流域水质达到地表水三类水质以上标准，密云、怀柔、官厅三大水库一、二级水源保护区全部建成生态清洁小流域，有效保障首都水源安全。

产业发展目标则是建设 20 个林下经济示范点，10 条沟域经济示范带，10 处特色养殖示范区，工程区畜牧圈养率达到 90% 以上，推动工程区生态产业发展，促进农民收入不断增长。随着工程区生态文明建设水平不断提高，地质灾害易发区 2.5 万人的居住条件见得到改善，免受地质灾害威胁，实现绿色岗位就业 10 万人以上，新增一批环境优美乡镇和生态村。

3.品尝生态治理的硕果

作为京津风沙源治理二期工程的参与者，延庆县已感受到了一期工程给本地带来的巨变。曾经的荒山如今已遍布绿树，龙庆峡门口的大片荒滩则被改造成了景观林荫道，道路两侧都种上了种类繁多的花草树木。

延庆县是首都的西北大门，是连接内蒙古、河北坝上与北京平原地区的过渡地带，也是风沙进入北京的咽喉要道。防风治沙在延庆县的生态环境建设中起着十分重要的作用，搞好风沙源治理工作对于改善首都生态环境，促进延庆县社会经济持续发展，提高人民的生活质量、推进农村剩余劳动力就业有着重要意义。目前，经过10多年的建设维护，一期工程最直观的效果是林业工程，通过持续的植树种草，增加了大量林地，消除了大量风沙源，减少了本地扬尘，并初步形成了一道绿色生态屏障，提高了抵御外来风沙的能力。但在数量可观的森林资源中，质量却参差不齐，不少林分结构单一、固沙能力低、景观效果差、易发生火灾和病虫害。林业工程三分靠种、七分靠管，因此二期工程将把工作重点从“建”转移到“管”，从增加林业资源数量转移到提升林业资源质量上去。

在工程措施上，低效林改造、现有林管护等林分改造措施的比重增加。一期工程中造林任务达20多万亩，而二期工程造林任务为6.5万亩，但低效林改造一项任务就已经达到20万亩。同时作为绿色北京示范区，延庆县在森林建设中不仅要保证净化空气、保持水土的生态功能，还要提供休闲度假、观光旅游的优美空间。在工程设计中，就要兼顾林间道路的布局、彩色树种

延庆多层次景观

运用等。延庆县发改委相关负责人介绍，进入二期工程后，为达到“多林种、多树种、多植物、多色彩、多层次”的目的，突出人工造林的治理效果，采取合理混交，形成株间或块状的方式营造混交林，针阔混交比例为 6 ：4，其中针叶常绿树为油松、侧柏，阔叶树为刺槐、黄栌等树种，通过增加高大落叶乔木、彩叶树种、花灌木及草花地被等措施，营造高低错落的复层林和色彩丰富、春季山花烂漫、秋季层林尽染的自然风景，在旅游干线两侧的山前形成“万山红遍、层林尽”的优美景观，使北京及周边生态环境得到明显改善。

自 2001 年京津风沙源治理工程实施以来，延庆县围绕北京市生态涵养区的功能定位，按照 93 条小流域的划分治理小流域 40 条，其中建成生态清洁小流域 25 条。治理水土流失面积 454 平方千米，建设水源及节水工程 925 处，为保护水源，建设良好的生态环境，提高防洪标准发挥了重要作用。二期治理工程将以水源保护为中心，以小流域为单元，按照“保护水源、改善环境、防治灾害、促进发展”为原则，以构筑“生态修复、生态治理、生态保护”三道水土保持防线为重点，采取水源保护、休闲观光、绿色产业、和谐宜居四种生态清洁小流域治理模式，治理包括水源工程 240 处，节水灌溉 140 处，小流域综合治理 220 平方千米。

农业工程主要通过人工种草、草种基地、暖棚建设等项目建设，起到防风固沙，净化空气质量的作用，同时减少裸露地面、提高草地覆盖度，减少水土流失，保护土壤，降低地表蒸发量，增加土壤抗旱能力，全面提升延庆县及北京市生态环境。二期工程计划实施人工种草 2.85 万亩，草种基地 0.1 万亩，暖棚建设 7 万平方米，自 2013 年开始已逐步展开工作。

头顶全国旅游综合改革示范县、水土保持全国生态县等众多荣誉称号，延庆县还拥有北京唯一的湿地鸟类自然保护区野鸭湖湿地公园。为实现保护区可持续发展，延庆县充分利用京津风沙源治理工程，结合自然保护区建设，在生态环境较好的草场实施围栏封育以及在草场老化严重的地块实施人工种植苜蓿等饲草，扩大了植被保护和恢复面积，近年来人工种草累计面积达 4 000 亩，天然草场维护面积达 33 500 亩，完成围栏建设 11 000 余米。实现了部分重点保护区域的封密式管理，为保护区鸟类提供足够的栖息地和食物，使保护区的多重生态功能得到了整体提升，从而实现了人与鸟、人与自然的和谐共处。让“落霞与群骛齐飞，秋水共长天一色”变成现实，成为留在国内外游客脑海中的难忘美景。

百河湾

沟域经济：串起生态富民“珍珠链”

近几年来，为实现山区经济的快速发展，北京市逐步形成了“沟域经济”发展模式，各区县乡镇纷纷在自身现有的基础上进行探索和实践，为京郊山区发展增添了一抹新亮点。其中怀柔区在打造“沟域经济”，实现生态富民的过程中，以点为基础，并将线连成面的发展思路最为突出，不仅带动了区域内的经济发展，也使区域间的互动增多，增强了聚集效应。

1.乡镇旧貌换新颜

作为首都的生态涵养发展区，怀柔区 89% 的面积为山区，多条大小河川交融相错，拥有发展沟域经济的天然优势。而从 20 世纪 90 年代初开始，怀柔区便开始发展冷水鱼产业，形成了远近闻名的“虹鳟鱼一条沟”，在节假日吸引了大批游客前往。

在此基础之上，2007 年初怀柔区通过创新发展思路，对基本建成的“夜渤海”和“不夜谷”两条生态经济沟进行调研，提出了“发展具有怀柔特色

怀柔天河川

的创意农业”的理念。据怀柔区农委相关负责人介绍，怀柔区自2005年开始旧城改造，2006年对“夜渤海”和“不夜谷”升级改造。2008年北京市山区工作会议召开，正式提出“沟域经济”的理念，怀柔区在全市率先提出了“平原建园”，即在平原及山前暖区建设多个具有经济性、开放性、观赏性、参与性且各具特色的现代化农业公园；“山区建沟”，即建设多个集吃、住、游、娱、行等多功能、开放型、具有种养业特色的山野农业公园，即“沟域经济”。沟域经济是近些年来，北京市在贯彻《北京城市总体规划》和落实生态涵养发展区功能定位过程中，逐步探索产生的一种新的山区发展模式。据了解，打造“沟域经济”的主要方式是由区政府搭台，乡镇政府按照事先的规划实施，这需要集成发改委、财政、林业、水务等各部门资金，对沟域内的“山、水、林、田、路”污进行综合治理，改善环境，吸引外来游客，最终实现提高地区竞争力，促进当地老百姓增收。

几年时间，怀柔区共发展了“长城国际文化村”、“白河湾”、“天河川”、“满韵汤河”等12条特色沟域。其中，“白河湾”沟域位于北京怀柔中部山区，涉及琉璃庙、汤河口2个镇、9个行政村，总长21.5千米。

2009年琉璃庙镇开始对河道进行生态治理，升级改造道路，这些环境建设带动了民俗旅游的发展。据该镇相关负责人介绍，这个镇距离怀柔城区大约40千米，市民来到这里就算进山了，但如果再往北边山区走，会感觉比较疲劳，因此都会选择在这里游玩留宿，为当地农户向现代乡镇居民转变提供了机会，目前全镇总共有400多户开起了农家院。

在清澈的白河湾沿岸，不仅有生趣盎然的景观雕塑小品和可供游人休息的15千米木栈道，还专门打造了沙滩公园。一到周末公园里便都是前来自助烧烤和野餐的市民，在白河湾和两侧山谷的映衬下将都市生活的紧张情绪一下就抛到了九霄云外。镇里的八宝堂村如今已是名声在外，改造后统一规划的居住区整齐洁净，几乎每家都能提供住宿和餐饮。即使在工作日，停车场也有不少市区来的车，随便走进一家农家院，就有几桌客人正在用餐。从墙上主人与前来拍摄节目的主持人和明星的合影,足见这里的人气。而三四年前，这里还是房屋破旧、人均收入水平偏低的落后村。利用白河湾的优势，发展沟域经济，让这里发生了巨大的改变。据统计，自2009年开沟以来，白河湾已累计接待游客120余万人，解决劳动力就业近千余人，实现旅游综合收入上亿元。

2.将特色沟域连成片

在沟域经济的打造中，怀柔区贯彻生态优先的发展理念，坚守生态底线，发挥生态优势，实施了小流域治理、植树造林等一系列生态治理工程，严格控制污水和垃圾排放，大力发展循环经济、绿色经济，巩固生态涵养和水源保护成果，目前累计完成小流域治理29条，共计500平方千米，完成荒山造林38 500亩，林木绿化率达到77.7%，地表水质达到Ⅱ类标准，中水达到北京市一级排放标准，空气质量二级和好于二级的天数达到297天，素有“天然氧吧”、“首都后花园”之称。通过沟域经济的打造,生态环境建设取得明显成效，自然资源优势正逐渐转化为经济发展优势。

筑牢沟域经济需要突出规划地位，坚持高起点规划，提升沟域规划整体水平。根据每条沟域不同的自然条件、产业基础、历史文化，通过合理的规划设计确定各自的发展方向。2010年、2011年两年，怀柔区按照全市的统一部署，分别完成了“天河川”、“满韵汤河”两条沟域规划的公开征集工作。2012年又制订了公开征集“怀九河”沟域经济发展规划招标工作方案，以政府采购方式向社会公开招投标“怀九河”沟域的规划设计。

通过部门联动、整合资金等多种方式，可以推进打造沟域经济的进程。怀柔区充分利用现有新农村建设、京津风沙源治理、小流域治理、生态修复、农业综合开发等政策，统筹谋划沟域建设，取得了显著成果。特别是结合搬迁政策，到 2012 年年底，完成搬迁 5 781 户，整合行政村 54 个，合并撤销自然村 160 个。其中，已建成沟域内累计完成搬迁 34 个村，通过搬迁发展民俗村 16 个。同时扶持产业发展，实现农民增收。在巩固原有优势产业基础上，因地制宜，引进干鲜果新品种，并建立种植基地。鼓励果园发展“林菌、林药、林粮、林禽”等为主要内容的复合型生态农业；发展反季节蔬菜和特菜种植；引进药材、食用菌等特色品种，形成特色产业，连片布局和集群发展。其次，推进绿色养殖业。对山区现有的冷水鱼、柴鸡、蛋鸭等养殖业继续给予支持，并适度扩大养殖规模；在保护生态的前提下，鼓励“果、草、畜”一体化和种、养联动循环经济发展模式。结合新农村建设，对景点邻村和古旧村落进行统一规划、修复和整治，推出一批民俗旅游村，发展一批民俗接待户；建设集观光、采摘、休闲、娱乐、餐饮、加工为一体的山区庄园和文化休闲产业带。使山区逐步形成特色旅游小城镇、特色村落、特色民俗活动和特色沟域文化的乡村旅游产业体系，不仅实现了第一产业与第三产业有机结合，也促进了区内旅游农业的发展。

从整个怀柔区来看，将已建成的 12 条特色沟域连成片是最终理想。目前，除了主打休闲养生的白河湾，怀柔区还有以特色产业为主导模式的“雁栖不夜谷”，以文化创意先导模式及龙头景区带动模式的“长城国际文化村”，以

沟域经济改变了当地生态系统

自然山水、休闲养生为主的“天河川”以及具有满族文化特色的“满韵汤河”等。这条京北生态旅游休闲产业带，也是沟川谷湾相连的经济带，从空中看就好像珍珠链一样。

沟域经济不仅在怀柔区发展得红红火火，在其他区县也进行得有声有色。据统计，2013 年北京市重点建设了房山上方花海、怀柔满韵汤河、平谷九里山、门头沟田庄沟域、昌平延寿沟域、延庆冰川绿谷和密云酒乡之路 7 条沟域，涉及 7 个区县、9 个乡镇、129 个行政村，814 平方千米，近 7.3 万人。对 7 条重点沟域，实施了环境整治、生态建设、基础设施、新村民居和特色产业五项工程项目 201 个，完成投资 15.4 亿元。其中，公益类项目 163 个，完成投资 9.4 亿元；产业类项目 38 个，完成投资 6 亿元。

3.借势发展新农村

当“沟域经济”效果凸显，如何提高辖区管理水平，让游客感受到更加优质的服务是乡镇政府必须要考虑的。为了规范经营，琉璃庙镇目前实行镇上农家院内的多项统一，包括餐具、洗漱用品、床上用品、菜单价格、工作人员服装等。过去分散经营，都是各家自主，慢慢地很多方面容易形成恶性竞争。基于这一点，镇里成立了旅游委，各村也组建了相关协会，推行统一规范，并对镇上居民进行有针对性的服务培训。而随着前来的游客越来越多，园林绿化、车辆疏导和保洁等方面需求也相应增加，于是成立了专门的管护队伍，让游客能在良好的环境中放松身心。

发展沟域经济不光是要把房子建好，后期还要保持，实现长效机制，并在这一过程中提高农民素质。做好沟域经济，往大了说就是新农村建设，并且要与农村搬迁工程结合在一起。自 2006 年以来，结合沟域经济建设思路，琉璃庙镇前安岭 、双文铺、狼虎哨、青石岭和白河北的险村险户相继实施了生态移民和泥石流搬迁工程，通过搬迁促进了第一产业与第三产业的融合，实现了单一传统农业向多元产业的转变。搬迁后的新村成为所在镇经济发展的新亮点。

作为白河湾的核心区域，八宝堂新村具有悠久的历史文化和优美的生态环境，在建设过程中，新村建设统一规划成三合院式布局的仿明末清初建筑风格的古民居，形成独具蕴味的古文化村落。而双文铺新村依山就势而建，错落有致，外墙统一采用青灰色涂料粉刷，并分别以“喜梅、兰雅、竹韵、菊香”和“福、禄、寿、禧”等为主要图案的青灰色砖雕作为墙饰，既体现了中国传统文化元素，又与村庄的整体色调达成和谐统一。白河北村则以独栋别墅群展现出了浓郁的现代农村建筑风格，给游客带来舒适享受的同时，也加快了村民增收致富的步伐。

过去农民种地都是靠天吃饭，有的家中很多人外出打工，当镇里的生态养生旅游产业发展起来后，很多人又回到了自己家帮忙。目前镇里效益较好的人家，一年纯利润已经超过了40万元。

发展沟域经济，单独靠农民自己经营的农家院当然不够。2013年5月，云蒙山书画艺术创作园区在白河北村揭牌落成，该园区由30多栋独立建造的别墅组成，占地8 000平方米。园区揭牌以来，先后举办了“书画笔会”、“书画琉璃之雅韵”、“云梦雅集”、“美丽琉璃文化节”、“中华瑰宝•美丽琉璃”等作品征集活动，吸引了国内外众多知名书画艺术家前往。同时，借助沟域经济的打造，琉璃庙镇还被确定为中影外景基地。已先后吸引了《家的N次方》、《柳白猿》、《老北风》、《生死恋》等10多部影视剧组前来取景拍摄。2014年镇里开始建设白河湾风情区房车营地，占地500亩。建成后，将成为北京市最大房车营地，包括房车营地、音乐广场、水上娱乐区以及餐饮住宿接待区四大园区，是集食、宿、游、玩、房车体验等为一体的娱乐休闲营地。至此，白河湾沟域经济发展带已发展乡村旅游村5个，沿途分布“汽车公园”、“湿地公园”、“滨水沙滩”、“垂钓园”、“采摘园”五大公园，以及万米木栈道和100余处景观小品。

白河湾沟域项目已实施了一部分，得到了市民的认可，旅游人数迅速增长，接待游客承载能力已接近饱和。目前，琉璃庙镇正在考虑向西延伸，将镇里东边的密集客流进行分流，便可以带动起十几个自然村的发展，未来将实现与延庆的四季花海及密云县的串联，形成京北山区旅游环线。

沟域经济让乡村旧貌变新颜

锦绣谷

园博园：京西生态新地标

2013 年，第九届中国（北京）国际园林博览会的成功举办，让举办地园博园名声大噪。园博园不仅成为京西地区的生态新地标，为首都增添了一座集休闲娱乐和园林观赏的大型公园，而且在城市生态修复、绿化造园以及现代化管理运营方面，也为同类园区提供了宝贵经验。

1.汇集顶级园林艺术智慧

北京园博园位于丰台区永定河西岸，北至莲石西路，南到梅市口路西延，西至北宫路，西南接园博大道，展区占地 267 公顷，园博湖占地 246 公顷，总占地 513 公顷。园博园秉承“文化传承、生态优先、服务民生、永续发展”的理念，利用绿色科技在建筑垃圾填埋场上进行生态修复建园，是一个集园林艺术、文化景观、生态休闲、科普教育于一体的大型公益性城市公园。

园区规划布局为“一轴、两点、五园”。“一轴”即园博轴，是贯穿主展区的景观轴线。“两点”即永定塔和锦绣谷。永定塔为辽金风格的仿古塔，是园博园的地标性建筑和观景制高点，矗立在鹰山之上，高69.7米，地上建筑面积约8 000平方米，用于永定河历史文化展览，是北京地区最高的民族风格仿古高塔，成为北京园博会的重要景观，游客登高远眺，可将园博园全貌尽收眼底。永定塔共九层，平面为八边形，塔院为正四边形。永定塔的这组数字由“四、八、九”组成，寓意园博会“喜迎四面八方宾朋，伟大祖国长治久安”。

锦绣谷是园博园“化腐朽为神奇”的典范，将一个20多公顷的建筑垃圾填埋坑打造成了花团锦簇的下沉式花谷。2009年，北京市最终确定将永定河西的建筑垃圾场作为园博会会址，并最终确定园博园范围，加上246公顷的园博湖，总面积513公顷，相当于两个颐和园。永定河自北京西北方向一路向南，由石景山流入丰台，将丰台区分为河西、河东两个部分。河西约占丰台区总面积的四成，但道路用地率仅是河东地区的四分之一，农民人均纯收入仅是河东地区的三分之二。干涸的永定河床不仅是挖掘沙石用料的工地和建筑垃圾堆放地，也是外来拾荒者的聚集地，放眼望去满目疮痍。

在会址选定在永定河垃圾场后，北京便开始了国内尚无先例的大规模废弃地改造工程。其中最难处理的便是一片20多公顷的垃圾坑，垃圾全部裸露在外，最深处达30多米。经过全方位的生态修复和巧妙设计，最终这里变成了错落有致的丘陵地貌，在近似直上直下的坡上覆盖了约2米的种植土，成为如今的锦绣谷，让废墟变花海。

“五园”即传统展园、现代展园、创意展园、国际展园和湿地展园。囊括了东方园林、欧洲园林、伊斯兰园林三大世界园林体系，汇集了古今中外园林艺术的灵感和智慧，其中北京园、忆江南、闽园、岭南园、重庆园集中展示了中国古典园林的造园艺术和魅力。同时，还集中打造了丁香、牡丹、月季、紫薇、樱花5个特色植物花园。

永定塔

第九届中国(北京)国际园

阳光下的喷泉

林博览会主场馆设计以北京市市花“月季”为原型，名为“生命之源”，配以现代设计理念加以提升抽象。以跨度75米的主展厅为源起，螺旋状地生长、传播、辐射，最终融入园区的景观之中。渐次绽开的构造和起伏变化的天际线赋予了建筑丰富的表情，宛如一朵花姿绰约的月季花盛开在丛林之间。

对于那些钟情于园林建筑的游客，如果从2号门入园，最先看到的是欧式展园，整齐成荫的绿树和对称的建筑，打造出强烈的仪式感与尊贵感。经过欧式展园，来到伊斯兰展园，在这里能看到独具伊斯兰特色的圆形尖顶建筑、拱廊、门区等。沿着银杏大道一路向北，可以看到前方右手边的梦唐园。梦唐展园的主题为“一步一道场，一步一真境”。整个庭院通过春夏秋冬四个季节来进行展示，内部陈设茶道、花道、唐朝服装、具有唐朝特色的物品，形成一个唐风、唐韵的现代意境，让游人宛如梦回唐朝。

继续向北走，可以看到香港园、澳门园、台湾园，以及天津园等展园。在这里既可以体验台湾文化，又可以观赏到香港“邮轮”、澳门园的葡萄牙式住宅博物馆、天津园的“天津之眼”等景观。如果走到这里还意犹未尽，那么沿银杏大道继续向北走，就会在左手边观赏到另一处国内展园集中展示区，包括鄂尔多斯园、唐山园、上海园等展园，感受各地的园林文化。

2.会后建设城市休闲公园

除了“化腐朽为神奇”之外，在这个接近两个颐和园面积的城市园林景区内，低碳节能、绿色循环也是一大特色。园区内灌溉系统采用目前世界最新的基于互联网的智能自动控制系统，既可以根据气象数据调整灌溉水量，也可以根据不同季节植物需水规律进行灌溉，达到适时适量灌溉、节约水量。以锦绣谷为例，由于谷底地势较低，锦绣谷内专门修建了两个约500立方米的雨水收集池，用于景观灌溉。而通过这套智能系统，整个谷内的每一株植物都能实现精准灌溉。当技术人员将锦绣谷内的每一棵树的信息录入系统后，系统就会根据树种、树龄等数据，判断出每棵树的“饮水量”。

另外，园博园内的采暖、空调供热、生活热水等，均由地源热泵系统供应，根据测算，每年能节省1 518.94吨标准煤，减少2 840.42吨二氧化碳排放。10座太阳能光伏电站主要为园区内主路和草坪等提供照明用电，并为园区各场馆提供应急辅助备用电源。

2013年5月18日至11月18日，第九届中国（北京）国际园林博览会在园博园举办。以“绿色生态、历史文化、水岸特色、互动参与、永续利用、产业促进”为特色，实现了“以园办会、以会兴业、以业富民”的目标。在185天的会期中，整体运行平稳、安全、有序，举办了1 200余场丰富多彩的文化活动，包括亚洲首次“彩色跑”活动、大黄鸭首秀、园博会夜场等，使本届园博会独具特色。开幕以来，日均接待游客3.3万余人次，单日最高接待游客10.6万人次，总共接待游客610万余人次，均居历届园博会之首，极大地提升了园博会的品牌影响力，为中外游客奉献了一场精彩绝伦的园林文化盛宴。近七成游客选择了地铁、公交、大巴等公共交通工具来园游览，践行了园博会倡导的绿色出行理念。

位于园内的我国首个以园林为主题的博物馆——中国园林博物馆，也伴随园博会的举办投入运营，成为本届园博会的最大亮点。中国园林博物馆位于园博园西北侧，鹰山脚下，占地面积6.5万平方米，建筑面积49 950平方米。设计围绕“经典园林、首都气派、中国特色、世界水平”展开，既彰显皇家园林气派，又表现园林空间自由、灵动的特色，同时兼顾博物馆的功能需求。整个建筑群外观效果与陕西省博物馆相似，灰瓦白墙。馆内共3层，分中国古典园林、中国近现代园林、中国造园技艺等6个固定展览。在园博会期间还举办了以“清代样式雷园林图档”、“明清皇家园林文物精品”以及“生态

园博园夜景

文明、美丽中国”为主题的多个临时展览。

与其他博物馆不同，园博馆被称为“有生命的博物馆”。除展品外，还建设了 6 个经典园林，包括 3 个室内展园和 3 个室外展园。室内展园分别是苏州的“畅园”、扬州的“片石山房”和岭南的“余荫山房”；室外展园包括北方山地园林代表“染霞山房”、北方平地园林代表“半亩一章”和北方水景园林代表“塔影别苑”。据介绍，所有地方园林均由所在城市的园林部门来负责设计、建设和维护，保证原工艺、原材料。这些园林规模较大，园博馆截取了其中最有代表性和最精彩的部分，按照实景临摹 1:1 比例建设，并作为公益性机构免费开放。

园博会闭幕后，园博园也闭园修整，2014 年 4 月重新开园再度迎客，依托永定河丰富的生态环境资源和历史文化积淀，园博园充分发挥首都优势，通过高标准规划、高起点设计、高品质建设，不仅成为世界城市的园林精品，也是实践绿色北京、科技北京和人文北京的魅力工程，对改善区域生态环境、加速市政基础设施建设、促进区域综合发展、构建京西旅游新格局具有深远的影响，成为永定河绿色生态发展带上的一颗璀璨明珠。

正在建设中的东郊森林公园

东郊森林公园：平原造林又添新绿

随着东郊森林公园项目建设在2013年启动，在打造城市绿色新景观的同时，也使北京市的平原造林工程迈上了新台阶。公园建成后将以其大规模、连续性的森林特点和融入自然的休闲方式构建首都平原区最大的近自然森林公园，形成平原区森林与公园建设的典范。而且，东郊森林公园位于首都国际机场航空走廊，未来大面积的森林俯瞰效果将形成首都的空中第一印象景观标志，可与其他世界城市周边的公园相媲美。

1.平原森林交互城市公园

东郊森林公园核心区位于北京市“两轴、两带、多中心”总体布局结构中的东部发展带中部，处于顺义、通州重点新城之间，总面积59.36平方千米。南部紧邻北京副中心通州新城，北部与顺义现代制造业基地及空港产业基地相接，公园的建设承担着提升区域环境质量、稳定区域生态系统、助力首都功能区的完善、促进周边产业发展、进而带动整个东部区域持续发展的新使命。

根据北京市的总体规划，东郊森林公园规划建设绿地 7.5 万亩(其中现有林地 2.8 万亩，2012 年新增 8 670 亩)占规划总面积的 84.2%；道路广场用地面积 8 190 亩，占 10%；建设用地 2 220 亩，占 2.5%，河道用地面积 2 940 亩，占 3.3%。在 3 个区县的建设面积中，通州部分最大，西起温榆河、东到六环路、北到京平路、南到潞苑北大街，总面积 40.81 平方千米，约合 6.1 万亩，相当 12 个纽约中心公园大小。

按照“整体规划、分步实施、分区建设、分区管理”的原则，公园建设分为三期。一期以 2013 年平原造林工程为主体，进行绿化、绿道及相关基础建设，实施造林 1.39 万亩，植树 168 个品种、50 万株，初步形成森林主题构架，森林覆盖率由 31.9% 提高到 47.5%；重点建设华北树木园、湿地森林、印象森林等主要森林景观区域并基本成型；建设健康绿道 35 千米，串联各主要园区；治理小中河，综合整治周边道路和村庄环境，使区域环境显著改善，市民可入园休闲游憩，享受绿化建设成果。二期为 2014—2015 年，继续扩大森林面积，提升村庄周边绿化景观，完善基础设施，绿化面积 1.52 万亩。三期为 2016—2020 年，在推进村庄拆迁安置的基础上，全面完成公园规划建设，绿化面积 1.74 万亩。完成三期全部任务后，东郊森林公园将成为北京东部平原地区规模最大的森林公园。

据通州区园林局介绍，2013 年公园的造林地块主要分布在宋庄镇。以温榆河、小中河沿线风景带和绿化带为主要景观，结合六环外生态防护带，形成华北树木园、印象森林、湿地森林、动感森林、创意森林“三带五区”的总体布局结构。与目前北京市已有的公园相比，东郊森林公园既是平原森林又是市民休闲公园，兼具大规模、连续性的森林特点和融于自然的城镇开放空间特征。因其拥有独特的河流、湿地自然特征以及与通州、顺义新城毗邻的特点，因此将其定位为“在资源保护的前提下，建设成为以游憩、娱乐度假、水上活动等为主要功能的游憩公园”，创造休闲、娱乐为一体的人文景观场所，成为平原区森林与城镇生活空间相互交融的公园建设的典范。未来，这里将利用森林景观为市民提供科普、科研、体验、游憩等多重功能服务，市民可以在林中进行有氧运动、极限运动、球场等活动，是理想的绿色休闲空间。

2.打造首都空中景观

作为北京东部的一片“绿肺”，东郊森林公园的出现将成为首都空中景观

东郊森林公园集创意休闲于一体

的标志，公园位于首都国际机场航空走廊的重点区域，是空中乘客对首都的第一印象区。公园建成后，其内部连片森林形态与季节变化特征将营造出俯瞰绿树森林的视觉效果，提升国门第一印象。华北树木园、湿地森林、印象森林、创意森林、动感森林将公园分成5个特色景观组团，虽然都是树木森林，但能够带给游人不一样的感官体验。

华北树木园位于公园的中心位置，壁富路以东、通顺路以西，徐尹路两侧，总占地7 890亩。该区域通过对拆违用地、低端大棚、废旧苗圃等进行改造，在未来几年内集中种植华北地区的代表性适生树种、珍稀树种、具特色观赏价值的树种等，可承担科普、科研、体验、游憩等多重功能，旨在建设以森林外貌为基础、以树木文化为特色的华北地区规模最大、品种丰富、分类科学、寓教于游的树木园。已完成建设面积3 423.9亩，2014年计划实施面积2 901.3亩。树木园包括五大分区，原生树种区选择原产中国并适应华北地区生长的主要乔木树种；引种树种区选择原产国外并适应华北地区生长的主要乔木树种；资源树种区选择具有药用、食用、芳香、油料、纤维、淀粉、材用、观赏八类用途一种或几种的，适应华北地区生长的主要乔木树种；主要保护树种区选择《国家珍贵树种名录》及《北京市重点保护野生植物名录》中适应华北地区生长的主要乔木树种；沙生湿生树种区选择适于华北部分特殊土壤条件生长的主要乔木树种。

湿地公园位于公园东北部，北起京平高速、东达东六环、西至富壁路，南至寨新庄，总占地约7 291亩，涉及通州区内建设面积4 220亩。2013年建设共3 071亩全部位于顺义区，2014年通州区将建设湿地森林面积1 652.7亩。

该区利用小中河及周边现有的鱼塘、藕塘、耕地等进行改造，强调湿地与森林的融合，关注参与性、湿地体验感受与科普性，营造“林中有水、水中有林、林水相依”的湿地森林景观。根据总体规划，湿地森林分为3个主题区域，分别为荷塘绿洲观览区、水上森林游赏区、湿地互动体验区。2014年将主要建造位于通州区内的湿地互动体验区，进一步将该区域划分为若干景区。湿地互动体验区主要以增强人与湿地的关系，提高人与湿地的互动，发挥湿地的科普性为主旨。根据不同的景观特色和使用功能，分为湖光山色区、花溪游赏区、娱乐互动区、林中体验区、野趣科普区。

印象森林则位于温榆河两岸，属于首都国际机场航空走廊重点区域，北部距首都机场T3航站楼仅3.5千米。以近自然森林建设为设计理念，以大地艺术的手法，注重空中俯视景观，通过连片森林形态和季相变化特征，形成森林“航空迎宾毯”的视觉效果。

在东郊森林公园南部的是创意森林。规划结合宋庄的艺术创意氛围和资源条件，在森林中为艺术家的参与、创作、作品展示提供空间，通过森林中的艺术点缀形成该区浓厚的艺术氛围特色。

动感森林位于东郊森林公园西部，全部位于朝阳区，东至滨榆西路，西至金榆路，北至温榆河堤顶路，规划面积5 523亩，2013年任务面积1 458亩。规划设计结合林间运动休闲路径，为未来东郊森林公园提供良好的绿化基础。

未来公园将成为首都的空中第一印象景观标志

同时考虑树木的季相变化，达到“绿不断线、四季常绿、景观自然”的效果。

5个特色组团均选用不同的植物及植物配置手法，如华北树木园采取原生树种、引种树种、资源树种、保护树种、沙生湿生树种分区种植的模式，注重进行树种展示；印象森林以大地艺术的设计手法为主，侧重追求森林景观的俯视景观效果；动感森林考虑树木的季相变化，着重道路两侧的植物景观效果。

按照规划，园内道路系统在保证人车分离及园路畅通的基础上，可串联公园内的各个景观节点，未来游人可全程骑自行车游览公园。同时，园林两侧也布置了驿站、标识系统，并在充分考虑游客骑行时视角的降低、速度的提升的前提下，在园路两侧布置适合骑行观赏的具有各组团特色的景观节点。

由于公园所在地区的地势整体上较为低洼，温榆河、小中河南北贯穿全园，有大量零散分布的鱼塘及洼地，但部分坑塘已废弃。公园建设前，水体中除温榆河常年有水、水质较好外，其他小中河目前尚未统一治理，目前雨污合排、水质较差，对当地的水体生态安全带来隐患，直接影响区域形象。公园建成后，将实现对小中河及周边现有废弃鱼塘等低洼地的生态改造，有助于改善区域生态环境、提升区域形象。

东郊森林公园的核心区范围涉及的一些行政村目前大多还在以体力劳动、土地利润分红和房屋租赁为主要经济来源，产业以种植业、养殖业、加工制造、仓储物流为主，各类建设用地布局散乱，土地集约利用程度不高，土地资源浪费严重，经济发展滞后。公园的建设有助于快速而全面地完成该区域的产业转型，促进以观光旅游为主的第三产业的发展，进而实现拉动地方经济消费的目的。

园中休闲功能区

3.推动平原造林进程

东郊森林公园的景观设计在加固并完善市域范围的公园绿地体系基础上，综合考虑生态、游憩、居民生活、区域安全防护等综合功能，更好地服务周边及全市的市民，兼顾参与性与科普性。如华北树木园的规划建设实现了以森林外貌为基础、以树木文化为特色的华北地区规模最大、品种丰富、分类科学、寓教于游的树木园；湿地公园则营造了“林中有水、水中有林、林水相依”的极具参与性的亲水游憩景观。

作为北京市平原造林工程中的重点项目，建设规模如此之大的东郊森林公园，一方面给东部地区增添新绿，同时也让城市绿化网络显得更加密集。包括这座公园在内，北京市按照“整体推进、突出重点、打造精品、彰显特色”的要求，在全面做好各个工程项目建设的同时，在2014年重点建设12处有特色、高品位、多效益的大规模城市森林区域，即“两园、两线、三带、五区”。

“两园”，即继续推进东郊森林公园建设，启动实施青龙湖森林公园建设，实施绿化1.8万亩。“两线”，一是围绕APEC会议，对京承高速、机场南线、雁栖联络线两侧绿化带进行加宽加厚和景观提升，实施绿化1.4万亩；二是由相关区县统筹开展南水北调干线——京密引水渠绿道建设、两侧绿化带加宽加厚和景观提升，实施绿化1.2万亩、建设绿道105千米。“三带”，即继续推进永定河、潮白河、北运河三条绿带建设，实施绿化3.7万亩。“五区”，即在新航城周边、延庆世界园艺博览会、昌平西部风沙危害区、密云大沙河风沙危害区、顺义五彩浅山重点区域实施绿化9.8万亩。

同时继续推进湿地建设与恢复，对平谷城北、大兴长子营、房山长沟和小清河湿地及通州区低效坑塘藕地实施重点建设，共计2.5万亩；加大重点新城和乡镇公园建设，实施通州永顺城市休闲公园和昌平南口、顺义龙湾屯及张镇等乡镇公园建设。

据了解，2014年为确保完成35万亩造林任务，全市共安排新造林372 258.8亩，改造提升19 786.3亩。其中景观生态林272 119.3亩，绿色通道106 529.5亩，湿地建设与恢复13 396.3亩。

夏天的野鸭湖

野鸭湖：人与自然和谐共存的家园

位于北京西北部的延庆野鸭湖湿地自然保护区，是北京唯一以湿地鸟类作为主要保护对象的湿地自然保护区，也是北京地区，甚至是华北地区重要的鸟类栖息地之一。这里一年四季都是百鸟的舞台，据统计这里的鸟类多达 284 种，其中以雁鸭类游禽居多，共 39 种，野鸭湖由此得名。这里鱼虾肥美、水草丰茂、野生动物众多，成为国际鸟类迁徙路线东亚—澳大利亚路线的理想中转驿站。每年秋季候鸟南飞的季节，成群的野鸭在芦苇荡中穿行，大鸨安详地在水中漫游，鹰隼翱翔天空，雁鸭列队飞过，构成一幅和谐、美丽的画卷。

作为北京地区面积最大、湿地生态系统最稳定的湿地，野鸭湖湿地在“保护湿地生物多样性、展示湿地系统的结构和功能、开展湿地生态旅游”等方面取得了显著的成效，为首都北京的湿地保护与合理利用模式提供了示范。

1.长城脚下的生命摇篮

湿地是人类文明的摇篮，是人与自然和谐共生的家园，被称为“地球之肾”、“生命的摇篮”、“文明的发源地”。

野鸭湖湿地位于世界文化遗产八达岭长城脚下，北京市西北部，总面积6 873公顷，含官厅水库北京辖区环湖479米内水域、滩涂、库滨及妫水河蔡家河下游河流沼泽等，是人工与自然复合型内陆湿地。

据野鸭湖湿地自然保护区负责人介绍，野鸭湖湿地是北京最具生物多样性的地区之一，动植物资源丰富、类型广、分布广。野鸭湖湿地优势植被种群主要有芦苇、香蒲、莎草等挺水植物，另有大量沉水、浮水植物。以《中国植被》和《中国湿地植被》的分类原则为基础，可以将野鸭湖湿地植被分为3个植被型组、7个植被型、47个群系、80个植被群落、472种高等植物，包括国家二级保护植物绶草（兰科）、野大豆，北京市保护植物花蔺和华北地区唯一的水生食虫植物狸藻。

由于植物种类多、生长量大，建群种与优势种强，为野生动物提供了优良的觅食栖息繁殖环境，因此野鸭湖湿地野生动物物种丰富，包含有国家珍稀和濒危鸟类。野鸭湖湿地野生动物以鸟类为主，按生态类型有游禽、涉禽、鸣禽、攀禽、陆禽、猛禽六大类284种，约占北京地区湿地鸟类种数的81.1%，其中大鸨、金雕、黑鹳、白鹤等9种为国家一级保护动物，大天鹅、灰鹤等44种为国家二级保护动物。野鸭湖湿地的野生鸟类以旅鸟居多，在每

平静的野鸭湖

野鸭湖四季美景

年的春秋两季鸟类迁徙季节，累计有十几万候鸟在此停歇、觅食，补充能量。湿地另有昆虫类200余种，鱼类40余种，哺乳类和爬行纲10余种。

野鸭湖湿地有较高的学术研究价值和美学欣赏价值，生物旅游资源有着稀缺性、典型性和代表性。谁能相信，10多年前，这个“长城脚下的生命摇篮”，也曾像国内大多数湿地一样，遭受过工业污染、过度捕捞、湿地面积萎缩，湿地生态功能退化等生态危机。正是延庆人在生态和谐中寻求经济增长与可持续发展的智慧，让野鸭湖湿地一步步走出生态危机，成为首批国家生态旅游示范区。

2.生态保护从恢复自然生态开始

野鸭湖湿地自然保护区创建于1997年，是北京市最大的湿地自然保护区；2000年升级为市级（省级）自然保护区，是北京唯一以湿地鸟类作为主要保护对象的湿地自然保护区；2002年成立北京延庆野鸭湖湿地自然保护区管理处。2012年10月，通过验收成为北京首个国家湿地公园；2013年评为国家AAAA级旅游景区及国家首批生态旅游示范区。

据介绍，保护区的功能是“涵养官厅水库水源，改善官厅水库水质，库滨带防风降尘固沙，为首都西北树立生态安全屏障”。主要保护对象为：内陆淡水湿地生态系统和国家重点保护鸟类和其他野生动植物。

为使保护区内珍贵的湿地资源得到科学有效地保护、恢复与可持续利用，保护区从恢复自然生态开始，针对不同区域，因地制宜地制定实施了恢复技术和方案。

退耕还草、还沼是保护区湿地治理与保护的主要措施之一。在保护区缓冲区以及实验区的库区和妫水河河滩沼泽区域，由于上游水源截留，来水减少，水位下降，部分季节性湿地已被开垦出来种植农作物。这些季节性耕地属于非法开垦，目前，保护区已在对这些耕地进行退耕还草、还湿，退耕后对临时耕种的群众予以适当补助，并进行引水和天然植被恢复。截至2013年年底，累计恢复退化湿地1万亩，扩大了水禽栖息地。

水生植被恢复工程也是湿地保护的重要方面。在核心区和缓冲区部分植被退化严重地段，保护区采取了人工补植水草措施，选择适生湿地植物，如莲藕菱角等浮水经济植物，以及芦苇、蒲草等挺水植物，增加栖息水禽的隐蔽场所，保持生态多样性，提高湿地生态系统的能力，确保区内生态平衡和系统生态质量不断优化。

引水工程也是生态恢复的重要部分。由于妫河上游来水的减少，近几年保护区湿地萎缩严重，原来水位较深的库区现在已经成为沼泽和河汊或干涸，为此保护区采取紧急措施进行生态调水、引水工程，扩大湖区水域面积，有效地给退化湿地进行了补水。

东方白鹳

通过这些举措，野鸭湖湿地自然恢复了大片芦苇等湿地植物，重现了芦海无垠的壮美湿地景观和植物多样性，同时改善了野生动物的栖息环境，吸引了黑水鸡、白骨顶、凤头鸊鷉等在此区域栖息和觅食，蜻蜓、蛙类、小型湿地鸟类等各种动物类群种类与数量在保育区大幅度增加。每年春秋候鸟迁徙的季节有几万只雁鸭类、鸻鹬类在此停歇。

野鸭湖景观

据监测统计，6年来新增鸟类40种，其中白肩雕、遗鸥、白鹤为国家一级；新发现华北唯一食虫类植物——狸藻，没有有害外来物种进入，水岸和景观保持自然状态。

3.以首都人才为智库提升监测水平

科学研究和生态监测是湿地自然保护区管理工作的灵魂，是衡量保护管理水平的重要标志之一。野鸭湖湿地自然保护区自建区以来，始终坚持开展科研与监测，日常人工监测对象主要是野生动植物，同时定期对水文状况、水质、土壤等因子进行监测。2009年，在延庆县委、县政府的支持下，开展了“野鸭湖360度全周放映及远程监控系统”项目建设。通过建设80个实时监控点和4个信号中转站，利用前端监控设备、网络传输、实时监控中心3个系统的集成，实现了监测信息画面的采集摄录一体化。其中，远程监控系统可以对野鸭湖辖区内的鸟类栖息地进行全天候、不间断的监测，并可将实时监控的数据进行周期性存储备份，为湿地保护管理和科研监测提供珍贵的数据资料。2010年，野鸭湖湿地资源监测与调查增加了“3S”技术，既能直观地反映大区域湿地环境现状，又节省了人力、物力，并通过对比深入研究了野鸭湖湿地变化与周边气候、地形地貌、土地利用、植被变化以及社会经济发展情况的关系。目前，保护区成功地收录了从1984—2010年北京官厅水库边界的面积、周长等动态变化，这些先进技术的应用，为湿地管理提供了科学依据。

野鸭湖湿地自然保护区生态监测的重要目的是用于指导管理实践，直接服务于野鸭湖湿地自然保护区和野鸭湖国家湿地公园的建设与管理。

野鸭湖湿地自然保护区的科研监测科除了完成鸟类等野生动植物的日常监测工作，并将每天的监测结果上报至《北京市鸟类监测日报表》、《全国野生动物疫源疫病监测信息网络直报》信息系统外，还需要对草原昆虫进行监测。

草原昆虫本身是生物链中不可缺少的环节和鸟类的食物来源，扩大监测范围有利于防止外来禽类引入鸟类病害，坚决杜绝随意引入外来禽类，同时预防植物病虫害对整个生态系统的危害。

野鸭湖湿地保护区这些先进技术和管理体系的构建，离不开首都北京的智库支持。在科学研究方面，保护区与首都师范大学、北京林业大学等高校和科研院所签订了科技合作协议，聘请了一大批专家作为科技顾问，共同申请并开展保护管理课题研究。如 2009—2010 年实施了北京市科委重大科技项目课题“北京湿地生物多样性保护技术”。2010 年，联合国教科文组织（UNESCO）水信息与生态水文教育共同主席、首都师范大学周德民教授主持的“北京野鸭湖湿地生态水文项目”入选国际水文计划第 7 阶段的生态水文示范项目。通过这些课题，使得野鸭湖的科研工作不断深入，近年来，共完成国家级科研课题 3 个、省部级课题 8 个，出版发表各级各类科研论文近百篇，出版野鸭湖湿地专集 2 本。

4.化生态优势为发展优势

如今的野鸭湖湿地自然保护区不仅是一个天然的物种基因库，一个聆听百鸟鸣唱的休闲胜地，同时它还是一个开展生物、物理、地理、环境道德、语文、音乐、美术等教学的课外基地。

1996 年 2 月，延庆县被国家环保局批准为全国首批生态示范区试点县之一，延庆县委县政府提出“保护环境就是保护人类自己”的理念，我们野鸭湖湿地从人文、历史、美学等多维角度挖掘湿地的生态旅游价值，成为推动区域经济发展的动力，打造了野鸭湖特色的湿地利用模式，构建了和谐稳定的社区关系。野鸭湖湿地累计流转农民土地 1 000 亩，补偿款增加到 800 元/亩；累计吸收社区就业人口近百人，因生态旅游受益人口达到数千人。通过把湿地保护、恢复工作与延庆县国家级生态示范县的创建结合起来，把湿地生态旅游与延庆城乡结构调整、产业结构调整结合起来，延庆县逐步实现了生态效益、社会效益与经济效益的高度统一。

2007 年 7 月，保护区建成了华北地区首座湿地博物馆，免费对公众开放。2 050 平方米的展厅内有文字介绍近 2 万字，图片 200 余张，各类动植物展示标本约 200 件，完整地介绍了湿地的定义分类功能效益等。360 度环幕影院播放的《美丽的野鸭湖湿地》如亲临自然，带给观众的不仅是视听盛宴，还是一堂别开生面的湿地科普大餐。2008 年，博物馆与首都师范大学合作建立了湿地科研基地，配备了湿地科普教室、仪器室、小型实验室、资料室等。

野鸭湖湿地保护区内建立了多处观鸟亭台，亲水平台、科普栈道、湿地文化走廊等设施，科学设置多种个性化的解说标牌。2008 年投入使用的观鸟屋，建筑面积 200 平方米同时容纳 30 人在不同的高度、不同的角度进行隐蔽性观鸟，区内还配置了高倍高清望远镜。通过观鸟活动使游客能够在参与体验中认识到保护湿地的重要意义，从而使其主动参与到湿地的保护与恢复工作中去。

据介绍，野鸭湖湿地每年接待 2 万名中小学生社会大课堂教学实践活动，通过湿地长征夏令营、湿地绘画征文竞赛、爱鸟周主题活动、亲子“1+1”科普游、环保教育大课堂等活动；将室内教育和野外教育有机地结合起来，形成完整的环境保护教育体系，这样的宣教方式能激发参与者的兴趣爱好，取得很好的成效。

莲石湖

永定河：建成生机勃发的绿色生态带

永定河是海河水系最大的一条河流，流域总面积4.7万平方千米，全长747千米，其中北京段长170千米，流经门头沟、石景山、丰台、大兴和房山5个区。30年前的永定河，河床干涸裸露，垃圾成堆，冬春季节风沙弥漫，成为京西最大的风沙源。2009年开始，永定河被定位为“京西绿色生态走廊与城市西南生态屏障”，永定河绿色生态发展带建设启动。2013年，永定河“五湖一线”工程全面完成，两岸平原造林工程硕果累累，营造了宽厚、美观、绿意盎然、林水相依的大尺度、大长度的生态景观带，永定河生机再现，活力迸发。

1.古河展新颜

永定河古称澡水、桑干河、卢沟，因经常河水泛滥成灾、河槽迁徙无常，亦俗称无定河。新中国成立以后对永定河进行了长期治理，建水库、整河堤、修闸坝，大大减轻了洪水危害。20 世纪 80 年代以后，北京水资源长期紧缺，仅有的少量来水全部引入市区满足城市用水，三家店以下河道长年断流，成为干河，河床荒烟衰草、盗沙严重、满目疮痍。河道很多地方成了生活垃圾、建筑垃圾的非法填埋场所，干涸的河道成为京西最大的风沙源，严重影响了沿河区县的发展环境，影响了沿河居民的生活质量。

2009 年，为落实“人文北京、科技北京、绿色北京”的战略构想，北京市委、市政府提出了“建设京西生态屏障，服务水岸经济，全面提升西南五区社会经济发展水平，建设宜居城市”的要求，北京市总体规划将永定河定位为“京西绿色生态走廊与城市西南生态屏障”。为此，河道功能也应由单一的防洪为主向“防洪、供水、生态”等综合性功能转变。治理永定河沙化、恢复河道生态环境，建立西南生态屏障是五区经济发展建设中亟待解决的问题，也是广大市民的迫切愿望。

根据北京市委、市政府提出的“建设京西生态屏障，服务水岸经济，全面提升西南五区社会经济发展水平，建设宜居城市”的要求，2010 年 2 月 28 日北京市正式启动了永定河绿色生态发展带建设，将永定河分为 3 段功能分区：官厅山峡段 92 千米，平原城市段 37 千米，平原郊野段 41 千米。

官厅山峡段的治理目标，是维护生态水环境和生物多样性，保护天然河道；平原城市段的治理目标为治污蓄清，增加河道蓄水，形成溪流，重点区域和交通节点形成水面，建成良好的城市生态水景观；平原郊野段的治理目标则是有水则清、无水则绿、封河育草、绿化压尘、打造田园生态景观。通过三个分区的治理，最终实现永定河北京段自上而下建成溪流—湖泊—湿地连通的健康河流生态系统，形成“一条生态走廊、三段功能分区、六处重点水面、十大主题公园”的空间景观布局，为两岸五区创造优美的生态水环境。

根据总体规划方案，永定河绿色生态发展带建设分 5 年实施，2010 年首批启动门城湖、莲石湖、晓月湖、宛平湖和循环管线工程（简称“四湖一线”工程），开始对永定河山峡段进行生态修复；2011 年完成“四湖一线”工程建设任务，免费向市民开放，启动园博湖和园博园水源净化工程（简称“一湖一湿地”工程）、园博园和永定河休闲森林公园；2012 年启动龙泉湾水环境工程。

目前，上述工程已全部完工，官厅水库以下山峡段 92 千米进行了生态修复，且保持了原有自然河道形态；永定河城市段（三家店至燕化管架桥）18.4 千米的河道全线得到整治，已形成“五湖一线一湿地”的空间景观布局，为两岸五区创造了有水有绿、湖溪相连、林水相依的生态水环境，为发展永定河水岸经济创造了条件。

2.妙笔勾勒“五湖一线”

永定河绿色生态发展带“五湖一线”位于永定河绿色生态发展带中的平原城市段，是永定河生态走廊中与城市联系最为紧密的生态廊道。据北京市水务局相关负责人介绍，至2013年年底，“五湖一线”已全面完成。“五湖一线”工程沿着城市景观段，自上而下形成溪流、湖泊、湿地连通的河流生态系统，营造出“人、水、绿”共享的河道空间，水土保持工作有效服务于沿线生态服务价值提升、环境质量改善，使沿线居民享受到首都壮丽风景线。

“五湖一线”工程包括永定河门城湖（三家店—麻峪河段）工程、永定河莲石湖（麻峪—京原铁路河段）工程、永定河园博湖（京原铁路—规划梅市口桥河段）工程、永定河晓月湖（规划梅市口桥—卢沟桥橡胶坝段）工程、永定河宛平湖（卢沟桥橡胶坝—燕化管架桥河段）工程和永定河循环管线工程（门城湖—宛平湖）六大工程，工程总投资22亿元，涉及永定河18.4千米

门城湖

永定河畔永定塔、文殊阁

5 000 人 / 天，“五一”、“十一” 等节假日达到 10 000 人 / 天。“五湖” 为广大市民提供了休闲娱乐健身场地，不仅使人消除疲劳、缓解压力、身心愉悦、有益健康，同时还能够了解永定河的水文化，实现寓教于乐的目的。

工程的实施不仅改善了永定河的生态环境，还改善了投资环境、促进了区域产业结构调整、带动、区域旅游等产业发展，也为区域经济的合理布局确定了方向，推动了永定河水岸经济带的发展。工程实施前后对比，沿线门头沟、石景山、丰台三区的生产总值 GDP 增加约 476 亿元，地方财政收入增加约 63 亿元。永定河绿色生态发展带范围内的门头沟区、石景山区、丰台区项目储备总投资约 4 564 亿元。

在总结永定河生态发展带城市核心段 18.4 千米 “五湖一线一湿地” 的建设经验的基础上，北京市下一步将按照 “以水带绿、以绿为主、和谐共生、自然美丽” 的思路，积极推进永定河南段 59 千米河道的治理工作。将陆续建设麻峪湿地公园、南大荒湿地公园、晓月水文化园、长兴生态园、永兴生态园、大兴机场临空区绿道等永定河南段的 60 千米的防洪生态治理工程。

未来几年，永定河北京段将完成长 170 千米、面积约 1 500 平方千米的生态发展带，新增水面 1 000 公顷、绿化面积 9 000 公顷，实现 “源于自然、融入自然、回归自然” 的三段功能分区。永定河水岸经济的潜力将进一步得到释放。

密云水库

密云：生态保水促绿色产业发展

以密云水库为名片，密云无疑是京城最美区县之一。密云县位于北京市东北部，总面积 2 229.45 平方千米，是北京市面积最大的区县。作为首都生态涵养发展区和重要饮用水源地，密云全县林木生态覆盖率达 78.81%，水环境质量常年保持国家二级标准以上，湿润指数和水体密度居全市之首。数十年的生态涵养与水源保护，让密云的生态优势不断凸显，林果、养蜂、林下经济、生态旅游等绿色产业不断壮大，让一个宜居、宜业、宜游的绿色国际休闲之都正徐徐拉开画卷。

1.生态保水提升软实力

密云的自然地貌特征可概括为“八山一水一分田”，密云水库宛若一块无暇碧玉镶嵌于县域中央，库区空气中负氧离子含量高于市区 40 倍，空气质量常年保持在一级，密云水库也成为北京唯一无污染的饮用水源，水体质量达到可直接饮用的二级标准。在《北京城市总体规划（2004—2020 年）》中，密云县被定位为“生态涵养发展区”，成为“北京东部发展带上的重要节点，是北京重要的水源保护地，也是国际交往的重要组成部分”。

作为首都重要的饮用水源地和生态涵养发展区，保水是密云的第一要务。据密云发改委相关负责人介绍，过去几十年，密云人民为呵护首都的“生命之水”，作出了巨大贡献与牺牲，受到环境限制密云不适合发展大规模制造业，保水一度成为密云发展的负担，老百姓也难免有怨言，但正是几十年在涵养水源方面坚持不懈的努力，造就了密云青山碧水的生态环境，现在成为了密云巨大的发展优势。

“密云水库在连续9年干旱，蓄水量徘徊在6.5亿~11亿立方米警戒蓄水量的情况下，仍保持地表水Ⅱ类水质标准。”密云县发改委负责人介绍，这一成果的取得，有赖于密云生态工程的实施。

作为一个系统工程，密云生态工程包括重要地表水源区河道治理工程、污水治理工程，京津风沙源治理工程，造林、种草、节水工程，生态移民工程等。这些工程的实施，有效改善了密云的生态环境。

以重要地表水源区河道治理工程为例。近年来，密云县重要地表水源区主要治理汤河、清水河、牤牛河、龙潭沟河、白河、白马关河、蛇鱼川河、安达木河、沙峪里等河道共计10条，总长度276千米，主要实施河道疏浚、清淤、护村坝、挡墙及河道两岸绿化工程。

污水治理工程作为重要的保水措施，是近年来密云县生态治理的大手笔之一。根据《北京市国民经济和社会发展第十二个五年规划纲要》的要求，为全面完成在“十二五”期间，北京市新城和乡镇污水处理设施建设，新城和重点镇污水处理率达到90%的目标。密云县污水治理建设采用“6+3打捆招商”模式（即新建6个污水处理厂站，改造提升3个现有污水处理厂站），由社会投资建设，并进行特许经营，特许经营期满后，污水处理厂移交给当地政府管理。在密云水库重要地表水源区主要实施大城子、冯家峪、巨各庄、新城子、西田各庄及石城镇中心区的污水处理厂站建设，对古北口、高岭、穆家峪镇污水处理厂进行改造提升。新增污水处理规模为4 390吨/天，污水厂站均采用膜处理工艺，处理水质达到北京市一级A类排放标准，大大减轻了密云水库周边及上下游河道两岸的水源污染情况，同时使乡镇污水处理得到了更专业化和规范化管理，乡镇基础设施建设进一步趋于完善。

另外，京津风沙源一期工程累计营林造林122.251 5万亩，人工种草9.6

万亩，草种基地 0.255 万亩，围栏封育面积 4.1 万亩，暖棚建设 5.94 万平方米，购置饲料机械 169 台（套）；综合治理小流域 53 条，治理水土流失面积 540 平方千米，水源工程 100 处，节水工程 120 处；生态移民 1 369 户、3 290 人，工程建设累计总投资 69 185.95 万元，工程的实施使防风固沙、涵养水源效果凸显，森林覆盖率由 2000 年的 47.1% 提高到 2013 年的 61.01%，林木绿化率提高到 69.31%，林木生态覆盖率达到 78.81%，生态质量在北京市各区县中名列前茅。

为落实生态工程，密云县建立了护水、护河、护山、护林、护地、护环境的“六护”机制，全县共有“六护”人员 1 万多人，这些公益岗位提供给当地百姓直接参与水源保护工作的机会。这一举措让很多人成为白领一族。而这只是生态涵养回馈密云人的冰山一角。

2.绿色产业优势凸显

生态工程在改善密云人生活环境的同时，也让密云人走上了一条发展绿色产业，促进产业融合的致富之路。

密云的发展与人们对生态环境的需求密不可分。有专家预计我国将于 2030 年进入休闲时代，特别在北京这样的一线城市，休闲产业发展空间和前

密云观光农业

景巨大。坐拥丰富旅游资源的密云看到了这个契机，确立了建设“绿色国际休闲之都”的发展规划，目标是把密云建设成为以绿色为特征、以国际为水准、以高端重大项目为支撑的宜居、宜业、宜游的休闲旅游目的地。

据密云县发改委负责人介绍，在绿色国际休闲之都的战略定位下，密云积极引导广大农户发展以编织、缝纫等为主导的加工服务业和以民俗餐饮为主导的加工服务业和民俗旅游产业，以柴蛋鸡、蜜蜂为主的生态养殖业，以板栗、核桃、红果为主的绿色林果业和休闲采摘业等，确保农民增收。

养蜂产业如今已成为密云的特色产业集群。据介绍，截至 2013 年年底蜂农增加到 1 700 户，养蜂规模 8.536 万群，蜂农销售初级蜂产品收入共计 4 358.07 万元，合作社销售蜂产品收入共计 4 005 万元，蜂产业总收入 8 363.07 万元。现有养蜂专业合作社 20 个，涉及全县 11 个镇，入社社员 1 697 户。以北京京纯养蜂专业合作社为产业带头人的专业合作社，有自己的自主品牌。北京京纯养蜂专业合作社成立于 2004 年 11 月，最初成员 47 户。随着蜂产品产业的逐步提升，合作社看准市场发展前景，在合作社服务中心的支持和帮助下，有效利用金融资金，完善设备设施，增强合作社发展后劲。由成立之初的单一购销，转变为集产品收购、生产服务、技术研发、系列加工、市场营销为一体的产业化发展模式。荣获“北京市有机蜂蜜生产基地”、“全国蜂产品安全与标准化生产基地”、“全国养蜂专业合作社示范社”、“北京市优秀蜂产品生产基地”等荣誉称号。

在推进农业与休闲旅游业融合互动发展方面，密云也取得了不俗的进展。截至 2013 年年底，密云发展大地田园景观 6 000 亩，展现出绚丽多彩的田园风光；加快实施农业提质增效工程，改造提升休闲农业园 8 个，有机果品基地 30 个，总面积达 6.5 万亩。

以大项目带动的休闲旅游业也是密云发展的一大亮点。被誉为“中国北方的乌镇”——古北水镇，是密云有史以来引进企业资质最高、投资规模最大的一个项目，如今已经试营业。项目建设仅用 3 年时间，已累计完成固定资产投资 39 亿元。随着水镇演艺街区等一批核心区域的建成，一个集观光旅游、休闲度假、文化体验于一体，人文底蕴深厚、服务设施一流的国际旅游综合目的地跃然展现于司马台长城脚下。司马台民俗旅游新村于 2013 年年底正式开村，村民步入了快速增收致富的幸福路。

巨各庄镇通过 2 年时间打造“酒乡之路”，形成了“酒乡之路”的独特品牌。

张裕爱斐堡酒庄

密云拥有张裕爱斐堡酒庄，以及世界上为数不多的大规模葡萄种植基地，“酒乡之路”是密云打造绿色休闲之都的一个主题，如今已成为密云的独特品牌。密云“酒乡之路”先后流转土地 7 000 亩，发展葡萄园区 14 个，初步形成了以葡萄种植、加工、休闲旅游、文化创意为一体的产业体系。2013 年仅葡萄产业就实现税收 7 600 万元，带动了农民就业创业、收入增加。

据介绍，除古北水镇、酒香之路外，密云多个融合农业与旅游业的大项目也都进展顺利，其中华润希望小镇 195 套新民居全部封顶，木棉花乡村酒店、天福号农庄等产业项目正在开发中，一个绿色国际休闲之都正在徐徐呈现。

快速发展的花园式小镇

平谷马坊镇：绿化先行的榜样小镇

近年来，京郊平原区涌现出不少绿化美化的小城镇，平谷区马坊镇就是其中的典型代表。该镇不仅在市政府投资支持下，建起三座环境优美的公园，还自主投资实施了小龙河湿地恢复工程，建设小龙河湿地公园，绿化美化镇区道路，让镇区环境面貌发生显著变化，为区域内产业发展营造了良好环境，成为城镇绿色休闲体系中的榜样小镇。

1.因地制宜美化城镇

马坊镇是2000年北京市确定的“市级重点小城镇”，位于平谷区西南部，镇域面积37.45平方千米，下辖22个行政村，人口约2万人。交通便利，京平高速横贯东西，密三路纵穿南北，地方铁路穿越镇域。镇域内南有工业园区，北有物流基地，中间为城建区。

马坊镇在实现就地城镇化的过程中，最直观的变化便是环境不断升级美化。在镇区打造了占地75公顷的小龙河湿地公园，营造了涵盖水岸湿地景观、生态景观、城市休闲景观、森林野趣景观的多层次生态景观长廊。根据定位不同，修建小梨、中心、金平3个风格迥异的主题公园，满足了周边人群公共活动的需求。实施道路绿化美化工程，对北区路网进行统一规划，打造樱花大道、绿色大道等特色景观大道，使每条道路各具特色、各成一景。

为了提升环境质量，马坊镇在2013年实施了密三路绿色大道改造工程，进一步改善镇域发展环境，改造工程全长1 100余米，总投资1 000万元，重点对京平高速路打铁庄出口至小龙河湿地公园道路两侧进行绿化改造。经过一系列的绿化工程，改造后的密三路两侧道路景观变得层次分明，平坦的地面被塑造成高低有致的绿色小丘，一块块精美的景观石错落有致地置于绿化带周边，与道路两旁环境相映成趣，绿化带中的还种植了不少月季花，让整个绿化大道两侧变得绿树如茵，成为马坊镇上的一条绿色长廊。

马坊镇地处洪积冲积平原，位于泃河冲积扇上，地势平坦，由西北向东南倾斜。在气候方面，全年四季分明，日照充足，加之独特的山前小气候，十分适合植物生长。良好的自然条件加上镇里对于各项平原造林工程重视程度高，使得马坊镇的绿化工作成果显著。根据镇政府数据统计，2012年造林面积1 687亩，总投资4 723.6万元；2013年，造林面积1 624亩，总投资4 378.2万元；2014年，造林面积1 533.3亩，总投资4 207.62万元。3年共计造林面积4 844.3亩，总投资13 309.42万元。改造后的马坊镇北区公园景观绿化工程总建筑达面积12.27公顷，其中绿化面积8.86公顷、建筑及铺装面积3.41公顷，总投资2 268万元。马坊镇小龙河湿地公园建设工程总投资则达8 000万元。

2.建设绿色休闲空间

2013年，马坊镇北区建成的休闲公园和湿地公园全面提升了区域内的绿化水平，为居民们的娱乐休闲生活提供了新场所。

金平公园位于马坊回迁楼南部，由于紧邻居住区，因此以“舒适的城市花园”为设计主题，园内包括儿童娱乐设施活动区、老年健身晨练平台、体育活动区、喷泉广场、凉亭等。在原有小梨路上建起的小梨公园除了主打城市休闲主题，还栽植了不少名贵树种。公园内所选用的树种标准高，法桐、白蜡、皂角等高大树木和名贵树种选用较多，为了在冬天保持景观特色，也种植了华山松、白皮松等适应北方环境的常绿树种。

而在镇政府前则是视野开阔的中心广场公园，该公园一开放便成为人们健身休闲的首选场所。在这座公园建成后，马坊镇组织开展了广场舞展示交流活动，来自全镇各村25支代表队400余人参加了此次活动，丰富了当地百姓的文化生活。

金平公园、小梨公园和中心广场不仅改善了城镇空间与生态环境、构筑了独具特色休闲娱乐中心，而且提高了城镇建设品位，塑造了城镇良好的形象，同时更加完善了人居环境，满足了人们多层次的休闲活动需求。

而围绕小龙河而建的小龙河湿地公园，则在维护地区生态多样性、为游人提供休闲野趣场所发挥了重要作用。据了解，小龙河从顺义大孙各庄进入马坊镇，在镇中部自西向东流过，途经于早立庄、河北村，于小屯村注入洵河，年水流量约为2亿立方米。建设小龙河市级湿地公园拓宽了河道，结合两侧绿化，保护镇域内低洼地、坑塘和滩地，使其形成水系相连的湿地生态系统廊道。公园2012年开工建设，规划为3个区域，分别是湿地保育区、湿地体验展示区及服务管理区。其中，保育区面积11.4公顷，是湿地中重点保护和恢复的区域；体验展示区面积54公顷，是展示小龙河湿地自然景观、人文景观及生态特征及水质净化等生态功能区；服务管理区面积5.2公顷，可供游客休息、餐饮、娱乐。

在公园内进行的栖息地恢复工程方面，运用了微地形改造技术，营造适宜湿地植物生长和湿地动物栖息的水深范围。采用沙滩、泥滩等方式让岛屿驳岸变得自然，既软又缓，并在岛上构建多种湿地类型，包括树林草甸、蒿草沼泽地、低草甸地等，为各种鸟类提供适宜的栖息和捕食环境，合理搭配乔灌木和水生植物，保证了鸟类能够正常飞翔和降落，同时通过种植蜜源食物和鸟嗜植物群落等为它们提供丰富的食源。

对于园内绿化树种的选择上，乔木以桑树、榆树、旱柳等耐水植物为主。灌木以垂柳、野蔷薇为主，藤本植物以常春藤、牵牛花、野大豆等为主，湿生、水生植物以芒、茅、芦苇、睡莲等为主。为了提高景观欣赏度和功能性，公园在设计时充分利用原有地形，坚持生态优先，在不改变格局的情况下增加供人们游憩休闲的场所，满足人们对亲水性的需求搭建了湿地木栈道、游客步道、亲水平台等辅助景观，设置与河流景观相协调并富有趣味性的景观节点和小品。 另外，在基础设施建设上，选择了一些石料、木料或者直接利用活体植物合理布置雕塑，以就地取材为原则，在景区内放置一定大小和数量的景观石，并雕刻诗句或者词语，体现了其独特的观赏价值，陶冶了情操，游览其中能够获得自然与人文的双重享受，2013 年建成后便吸引了大批附近居民以及北京城区的游人前往。

3.优质环境带来发展机遇

以“京东发展门户，山水宜居新城”为发展口号，平谷区早在 2006 年就明确提出了“生态立区”理念，为平谷生态环境发展奠定良好的基础，其生态资源的优势得到了众多产业的认可，其中一直保持绿色先行步伐的马坊镇，最有代表性。已在镇上开发楼盘的多家房地产商便是看好了马坊板块周围极具竞争力的环境，由小龙河湿地公园、金平公园、小梨公园和中心广场以及泃河、小龙河构成“两岸四园”，形成植被茂盛的生态涵养绿地，可以为居住者提供优质的生态居住环境。

目前，镇域内南有市级工业园区，北有市级物流园区，中间为城建区，东西两侧为农业旅游观光带和农业产业带。早在 2006 年马坊工业区便被批准为北京市 16 个市级工业区之一；2006 年，马坊物流基地被确定为北京市“十一五”期间重点建设的四大物流基地之一；2008 年，被国家发改委批准为第二批全国发展改革试点小城镇。2013 年，马坊地区实现工业总产值 24.2 亿元，同比增长 36.7%；完成固定资产投资 24.7 亿元；农民人均纯收入达到 17 978 元，同比增长 11%。

根据马坊镇规划，工业园区一期规划面积 3.58 平方千米，重点发展新能源产业、高新技术产业、电子信息产业及现代制造业。现已引进七星光伏等 4 家企业入驻绿能产业基地，绿能产业聚集效应初步显现；引进华康天怡等 5 家医疗企业，高端医疗产业园初具规模；吸引一志车、真金昌等汽车配件企业成功投产。大力兴建标准化厂房，成功引进 9 家企业入驻。目前工业园区拥有入驻企业共 304 家，其中生产型企业 57 家，注册型企业 247 家。2013 年园区规模以上企业完成工业总产值 21.8 亿元，同比增长 35.2%。目前园区总就业人数已达 3 283 人，未来将可再提供就业岗位 3 000 余个。

物流园区规划总面积 3 平方千米，一期规划面积 1.3 平方千米，依托国际陆港，重点发展口岸经济、现代物流业、电子商务业。努力打造电子商务平台、流通总部平台、展示交易平台、金融服务平台、创业孵化平台、综合服务平台六大平台，2013 年陆港完成外贸集装箱吞吐量 41 039 标箱，同比增长 24%，转关货物总重量 19.8 万吨，货值 14.3 亿美元。利用绿谷商网，打造“口岸 + 基地 + 平台”的特色商品电子交易模式。探索物流发展新模式，引进筹备博雅英杰物联网科技园项目；投资 7 亿元建设物流中国项目，物流信息系统进入测试阶段。同时投资 1.2 亿元依托温州商会建设物流总部基地配套工程，推进电子商务园区建设。此外依托普洛斯仓储中心项目，建设占地 275 亩的京津电子商务园区，建成后将拥有 10 万平方米的仓储容量。

随着镇域内各项基础设施的基本贯通，城市配套功能逐渐完善，城市的雏形已基本显现。马坊镇卫生院改建后，提升了全镇的公共卫生服务水平。新建马坊中心幼儿园、北京东交民巷小学马坊分校，北京师大附中平谷第一分校则聚集了更多教育优势资源。

马坊镇的农业旅游观光带和农业产业带分布在镇域东西两侧，重点打造现代高科技农业产业区、高效农业生产区、生态农业旅游休闲区。现已引进洵河湾 ARD 精致农业产业园、康安利丰生态农业有机蔬菜基地、阳光河谷都市型会员制农业园、优优田园市民休闲农园等现代农业项目，引进培育优品优种，实行产业化管理、精细化作业，提升农地效益，提供农村剩余劳动力就业岗位 1 000 余个。

对于今后马坊的发展方向，镇政府相关负责人表示将继续以“新型城镇化”为纲领，坚持“一张蓝图绘到底”，推动城乡统筹发展，促进产城互动，逐步实现“全域城镇化”，全力打造兴业宜居小镇。

第三篇
附录

北京市人民政府关于2013年实施平原地区造林工程的意见

京政发 [2013]3 号

各区、县人民政府，市政府各委、办、局，各市属机构：

2012 年本市平原地区造林工程建设取得了重大阶段性成果，得到了人民群众、社会各界的广泛认同。为深入贯彻落实市第十一次党代会精神，全面加快建设与中国特色世界城市相适应的生态保障体系，在继续执行 2012 年平原地区造林工程政策措施、工作要求的基础上，现就 2013 年实施平原地区造林工程提出如下意见。

一、建设任务

1. 建设规模。2013 年计划实施平原地区造林工程面积 35 万亩（约 2.33 万公顷）。要力争超额完成建设任务，为提前实现平原地区百万亩造林工程的目标奠定坚实基础。

2. 建设范围。2013 年平原地区造林工程以城市发展新区为主体，以城市功能拓展区为重点，以生态涵养发展区为补充，主要安排在房山区、通州区、顺义区、大兴区、昌平区等 5 个区和全市干线公路、主要道路、铁路、河流两侧。加快推进南中轴六环路以内地区、奥林匹克森林公园以北规划楔形绿地、城乡结合部 50 个重点村拆迁腾退区和干线公路、主要道路、铁路和河流两侧绿化建设。

3. 实施重点。2013 年平原地区造林工程仍以景观生态林、绿色通道建设为主。景观生态林建设重点包括：东郊森林公园、首都机场周边和航空走廊可视区、南中轴六环路以内地区、北京新机场、燕山石化周边及昌平区南口砂石坑等。绿色通道建设重点包括：永定河、北运河、潮白河荒滩荒地，京密引水渠和南水北调干线两侧，京平、京开高速公路两侧等。启动实施湿地建设与恢复和森林防火等基础设施建设。

二、工作要求

1. 加强工程监督管理。切实加强工程建设管理，严格按照审查批复的施工设计方案组织施工，强化施工全过程监理，建立动态管理和巡查通报制度，确保工程建设进度和质量。严格落实平原地区造林工程建设监督工作要求，完善工程建设监督监察机制，确保平原地区造林工程成为“阳光工程”。

2. 完善长效管护机制。切实加强平原地区造林工程新增森林资源管护工作，按照政府主导、部门监管、市场运作、专业养护、农民就业的原则，建立责任明确、队伍落实、监管到位、投入科学、管理高效、责权利相统一的养护管理体制机制。实行按区县、分区域管护，鼓励养护单位积极吸纳农民就业。

3. 强化技术服务指导。严格执行平原地区造林工程技术标准和规范。市、区县园林绿化部门要组织专业技术人员加强技术指导，强化技术监督，建立健全工作机制，促进工程建设科学规范实施，确保发挥效益。

三、保障措施

1. 保障资金投入。按照《北京市人民政府关于2012年实施平原地区20万亩造林工程的意见》(京政发〔2012〕12号)确定的资金投入政策，综合考虑立地条件、建设内容、地块规模、景观效果等因素，分类确定建设投资标准。绿化建成后的林木养护管理费，由市、区县两级财政按照1 ：1的比例分担。

2. 优化审批程序。由市平原地区造林工程建设总指挥部办公室商各有关区县政府和市发展改革委、市规划委、市国土局等部门确定年度建设方案，明确各有关区县年度建设任务，报市平原地区造林工程建设总指挥部审定。推动项目审批重心下移，重点项目履行市级审批程序，其他项目由区县政府履行项目审批手续。由市园林绿化局统一组织工程监理招投标。

3. 强化组织领导。各有关区县政府要认真制定工程实施方案，把各项建设任务和政策措施落到实处，做到任务早确定、地块早落实、规划早批复、手续早办理、施工早准备。市平原地区造林工程建设总指挥部及各有关区县指挥部要充分发挥组织指挥、综合协调、监督检查和考核管理作用，加强对平原地区造林工程建设实施单位的支持和指导。

北京市人民政府

2013年1月22日

北京市人民政府办公厅关于印发加强河湖生态环境建设与管理工作意见（2013—2015 年）的通知

各区、县人民政府，市政府各委、办、局，各市属机构：

《加强河湖生态环境建设与管理工作的意见 (2013—2015 年)》已经市政府同意，现印发给你们，请结合实际，认真贯彻落实。

北京市人民政府办公厅

2013 年 11 月 29 日

加强河湖生态环境建设与管理工作的意见（2013—2015 年 ）

河湖是重要的生态系统，承担着供水、防洪、生态、景观、人文等多种功能。河湖生态环境关系到城市防洪供水安全和首都生态文明建设。为进一步加强本市河湖生态环境建设与管理工作，营造良好的生产生活环境，提出以下意见。

一、总体思路

以科学发展观为指导，把建设河湖生态环境作为首都生态环境建设的重要任务，进一步理顺河湖生态环境管理体制，全面加强河湖生态环境建设与管理。坚持民生优先，切实解决好河湖防洪排水安全问题和环境“脏、乱、臭”问题；坚持统筹规划，以流域为单元，干支流、上下游、左右岸同步治理，河湖环境整治与污水管网、污水处理厂建设同步实施；坚持建管并重，逐步形成“政府主导、属地负责、行业监管、专业管护、社会参与”的体制机制，提升建设管理水平；坚持综合治理，将集中整治和日常管护相结合、教育引导和严格执法相结合，维护河湖健康生态环境。

二、总体目标

到 2015 年基本实现“无垃圾渣土、无集中漂浮物、无违法排污、无明显臭味、无违法建设”的“五无”目标，努力打造“水清、岸绿、安全、宜人”的河湖生态环境。

三、主要任务

（一）加快截污治污。把还清水体作为河湖治理的首要目标，加快推进再生水厂、污水和再生水管线建设，加强污水处理厂和农村地区小型污水处理设施运行监管，确保正常运行。

（二）加快中小河道治理。按照规定的防洪标准，加快中小河道水利工程建设，加强河道防护，定期清淤疏浚，保持行洪畅通，充分发挥中小河道调蓄洪水功能。

（三）加快河湖绿道建设。实施京密引水渠、永定河引水渠、南护城河、北护城河、凉水河、清河、温榆河、通惠河、亮马河、小月河、坝河、北小河等“两渠、十河”绿道建设，改善河湖周边生态环境，服务市民休闲健身。

（四）加快水系连通和循环利用。以大清河、永定河、北运河、潮白河、蓟运河五大水系为基础，建设流域相济、多线联络、多层循环、生态健康的水网体系。通过流域循环、区域循环、小循环、微循环以及地表地下循环，实现水源联调、水量互济、一水多用、循环利用，改善河湖水环境质量。

（五）加强环境卫生管理。各区县政府要加强农村地区垃圾收集处理管理，确保“户分类、村（社区）收集、镇（乡、街道）运输、区（县）处理”制度的实施。统一河湖管理范围内与其周边环境卫生管理标准和绿化作业养护标准。城市中心区河湖环境卫生管理重心下移，实施属地管理。河湖管理单位加强河湖河坡、水面环境卫生管理。市市政市容委、市园林绿化局会同市水务局加强监督检查。

（六）加大财政投入。市财政局、市水务局加快制定北京市水利工程维修养护定额标准。市财政局积极统筹资金，做好市属河湖维护管理经费保障工作。市水务局组织市属河湖管理单位推行管养分离，通过招标确定水面保洁、水利设施维护等河湖日常维护管理承担企业，实行专业化维护管理。各区县政府切实做好所属河湖维护管理经费保障工作。

（七）完善体制机制。贯彻落实《北京市河湖保护管理条例》（以下简称《条例》），在永定河、北运河、潮白河等跨区县的重要水系建立流域管理和行政区域管理相结合的河湖管理体制。各区县政府要加强对河湖保护工作的组织领导，坚持流域与区域相结合，优化河湖保护管理机构布局。乡镇政府要按照管辖权限建立健全管理机构或确定管理人员，落实河湖管护责任。街道办事处按照管辖权限做好河湖保护管理的有关工作。

（八）形成监管合力。市、区县水务、国土、环保、规划、农业、城管执法等部门要建立联动机制，严厉查处违法建设、排污、捕鱼、游泳和盗采砂石等危害河湖生态环境的行为。河湖管理单位发现危害河湖生态环境行为，立即通报区县国土、环保、规划、农业、城管执法等部门，遇有重大危害河湖生态环境问题时，市级相关部门要立即启动联动机制，进行联合执法。市、区县发展改革、财政、市政市容、园林绿化、教育、工商、公安等部门要按照《条例》要求，积极配合，形成合力，加强监管。

（九）倡导公众参与。开展美丽河湖评选活动，广泛动员社会参与。鼓励沿河企事业单位、社会团体、环保组织、志愿者、周边居民参与河湖生态环境建设，认建认养，共同保护和享有河湖生态环境建设及治理成果。聘请市民、村民或志愿者担任监督员，定期征求和反馈改进河湖生态环境管理的建议。加强舆论宣传，营造人人关心、参与河湖环境治理的氛围。

四、保障措施

（一）加强组织领导。成立由主管副市长为组长，市各相关部门参加的市河湖生态环境建设与管理工作协调小组（以下简称协调小组），指导全市河湖生态环境建设与管理工作。协调小组办公室设在市水务局，协调推进河湖生态环境建设与管理具体工作。各区县政府要相应建立组织领导工作机制，统筹协调推进本区县河湖生态环境建设与管理工作。各区县、各部门应结合实际，研究制定加强河湖生态环境建设管理的实施方案和具体措施，加大工作力度，确保取得实效。

（二）拓宽资金渠道。拓宽河湖生态环境建设与管理融资渠道，统筹河湖生态环境建设与土地开发，探索河湖生态环境建设与土地开发捆绑融资模式。通过承包、冠名、合作经营等方式吸引鼓励社会企业参与河湖生态环境建设与管理。

（三）突出工作重点。全面贯彻落实《条例》等各项法律法规，围绕河湖“脏、乱、臭”等社会广泛关注的问题，明确各年度治理重点，以点带面，有计划、有重点地推进工作。

（四）严格督查考核。将河湖生态环境建设与管理工作纳入本市生态文明和城乡环境建设专项督查，采用定期考核、日常巡查和社会监督方式进行考核，每年向社会公布考核结果。

北京市人民政府关于印发北京市地下水保护和污染防控行动方案的通知

各区、县人民政府，市政府各委、办、局，各市属机构：

现将《北京市地下水保护和污染防控行动方案》印发给你们，请结合实际，认真贯彻落实。

北京市人民政府

2013 年 9 月 12 日

北京市地下水保护和污染防控行动方案

地下水是本市供水水源的重要组成部分，占全市供水量的 60% 以上。2014 年南水北调江水进京后，地下水仍将占全市供水量的 50% 左右。随着城市规模不断扩大和人口急剧增长，污水排放量不断增加，污水处理能力相对不足，加上历史形成的非正规垃圾填埋场等点面源污染因素，本市浅层地下水污染形势严峻，进而威胁地下水饮用水水源地安全。为进一步加强本市地下水污染防治工作，确保首都供水安全，制定本行动方案。

一、总体思路

以科学发展观为指导，以保障城乡居民饮水安全为核心，按照“以防为主、防治结合”的原则，坚持地下水污染防治与地表水污染防治、土壤污染防治相结合，坚持控制地表污染源头与切断污染传输途径相结合，坚持强化地下水污染防治责任与完善政府督查监管相结合，构建部门联动、条块结合、齐抓共管的地下水污染防治监管体系，确保首都供水安全。

二、工作目标

通过实施地下水保护和污染防控行动，到 2015 年，确保本市地下水环境监管能力全面提升，污染风险得到有效管理和防范，污染趋势基本遏制，水源地安全得到进一步保障。

三、主要任务

1. 制定完善地下水保护政策和规划。

统筹地下水污染防治相关政策，建立健全地下水污染防治政策体系，完善地下水保护管理法律制度，加大地下水污染责任追究和惩处力度。编制本市地下水资源保护规划，划定集中式饮用水水源地保护区，优化调整水源地布局，核定地下水超采范围，严格控制地下水超采。定期开展地下水污染源普查评价工作，编制地下水环境风险评估、地下水污染防治分区技术规范、地下水污染防治技术指南等技术规范。加强地下水水位变化对水质的影响、地下水特征污染物迁移转化规律等问题研究，制定完善相关管理政策。

2. 治理生活污水污染。

坚决贯彻落实《北京市加快污水处理和再生水利用设施建设三年行动方案(2013—2015 年)》，到“十二五”末，完成新建再生水厂 47 座，升级改造污水处理厂 20 座；采取分散处理、导污截污、临时治理等多种手段，综合整治 458 个规模以上和 1 711 个规模以下非正规排污口污水直排，杜绝新增非正规排污口，强化属地责任，发现一个，治理一个；全市污水处理能力达到 612 万立方米 / 日，污水处理率达到 90% 以上，实现首都地表水环境的根本好转，有效遏制生活污水对地下水的污染。

3. 清除非正规垃圾填埋场。

加快实施《北京市生活垃圾处理设施建设三年实施方案(2013—2015 年)》，彻底清除 253 处非正规垃圾填埋场，消除垃圾渗滤液对地下水的污染。按照“治理既有，杜绝新生”的原则，进一步规范生活垃圾全过程管理，加大非正规废品回收点整治力度，杜绝新增非正规垃圾填埋场，强化属地责任，发现一处，清除一处。新建的生活垃圾填埋场要严格按照相关标准设置防渗层，建设雨污分流系统和垃圾渗滤液收集处理设施。对于已治理的生活垃圾填埋场，要继续做好封场后的日常维护工作。

4. 控制工业污染。

加大对工业企业废污水排放的监管力度，严格排污申报登记制度，强化日常监管。全面调查含重金属废水排放企业，对现有排放含重金属废水的小型生产企业依法限期关停。加强工业污染场地环境监管，开展工业区土壤污染情况调查，全程监管污染场地治理修复。严控新增土壤污染，新建工业企业应逐步进入工业园区，严格执行地下水环境准入制度。开展加油站污染排查治理工作，完成加油站防渗漏改造工作。

5. 防控农业点面源污染。

推广测土配方施肥技术，实施土壤培肥地力工程，控制化肥用量，改善土壤团粒结构。推广生物、物理防治和科学施药技术，提高生物农药使用比例，减少化学农药施用量。进一步调整畜牧业产业结构，减少散养，发展规模化养殖，合理控制水污染物产生总量；实施规模化养殖场综合改造治理工程 328 处，提高防渗防漏能力，减少地下水污染风险。污水处理厂要严格执行排放标准，严格控制再生水灌溉对地下水污染。预防和严控水源保护区土壤污染风险。

严格监控高尔夫球场污染，研究制定 6 家位于饮用水水源保护区的高尔夫球场退出计划和方案。在退出前，加大监管力度，严控化肥农药施用，严格球场化肥农药使用情况申报备案制度，禁止施用高污染、高残留的农药；完善球场防渗设施建设，确保不造成环境污染和影响水源安全。严格禁止新建高尔夫球场。

6. 封填废弃机井。

启动废弃机井封填专项工作，按照分类指导、区别对待、规范处理的原则，市区联动，完成 4 216 眼废弃机井封填，其中永久填埋 3 349 眼、封存备用 867 眼，防止污水、污染物通过废弃机井进入地下，消除污染隐患。杜绝新增废弃机井，强化属地责任，出现一眼，封填一眼。严格落实工程施工降水井封填工作。

7. 建设生态清洁小流域。

坚持以小流域为单元，同步治理污水、垃圾、厕所、河道、环境。坚持以水源保护为中心，采取封山育林、生态移民、生态补偿等措施，构筑水源地生态修复防线；采取节水、治理污水垃圾、调整产业结构等措施，构筑水源地生态治理防线；采取清理河道障碍物、保育湿地、保护水源等措施，构筑水源地生态保护防线，完成 1 200 平方千米生态清洁小流域建设工作，确保水源地水源安全。

8. 整合优化地下水监测网络。

加快完成国家地下水监测工程建设，整合优化水务、地勘、环保等部门地下水监测网络，强化水源地及补给区地下水监测，形成覆盖全市及周边地区的浅层水、深层水和基岩水立体化监测体系，在重点工业区、垃圾填埋场、高尔夫球场、再生水灌区、加油站及历史遗留污染场地等重点污染源布设专项监测井，加强重金属、有机污染物监测。重点做好地下水水质超标地区饮用水水质监测工作。进一步完善地下水污染监测预警及应急处置机制。加大监测网络建设和运行维护保障力度，逐步形成水务部门牵头、分工负责、财政支持、数据共享的监测工作格局。

四、保障措施

1. 加强领导，落实责任。

成立由主管副市长为组长的地下水保护和污染防控工作协调小组，办公室设在市水务局，负责协调推进地下水污染防治工作。各区县政府要高度重视地下水污染防治工作，落实属地责任，分解目标和任务，制定实施方案，细化措施政策，统筹推进，确保完成工作目标。

2. 政策支持，科技支撑。

发挥政府主导作用，研究制定地下水污染防治财政支持政策，加大政策支持和资金投入力度，落实污染防治项目资金，保障任务按时完成。建立多元化投融资模式，鼓励社会资本参与污染防治设施建设和运行。各区县政府要结合本区县任务和财政状况，确保资金投入。要重视地下水污染科学研究，增强污染防治技术支撑。

3. 紧密协作，强化执法。

建立水务、环保、经济信息化、农业、市政市容等部门联动工作机制，确定各部门联络员，定期召开会议通报工作进展。各区县政府要落实污染源头治理责任，加大对重点地区、重点行业、重点单位的检查力度，加强污染源的监控和治理。要加强联合执法，提高执法监管能力，逐步形成统筹协调、部门联动、条块结合的工作格局，建立覆盖全市的地下水污染防治监管体系。

4. 明确责任，严格考核。

地下水污染防治工作纳入本市生态文明和城乡环境建设专项督查，市政府与各区县政府签订工作目标责任书，强化督查考核，建立奖惩制度，对工作不力、推诿扯皮的单位和人员实施问责。

5. 社会参与，公众监督。

充分利用平面媒体、网络平台、手机短信等多种手段，加大宣传力度，提高全社会爱水、护水、保水的自觉意识，积极推进公众参与和舆论监督，完善污染举报和媒体曝光制度，对在地下水保护工作中做出显著成绩的单位和个人，按照国家及本市有关规定纳入现有表彰项目予以表彰奖励，营造全社会共同关心、支持和参与地下水保护与污染防治的良好氛围。

2013年北京生态环境建设大事记

一月

■9 日，北京市副市长夏占义专题调研平原造林工程建设。

二月

■4 日，北京市园林绿化局与中国林科院联合开展“世界湿地日”宣传活动。

■22 日，北京市人民政府、首都绿化委员会在北京会议中心召开首都绿化委员会暨首都绿化美化总结动员大会。中央政治局委员、北京市委书记郭金龙同志同席，北京市委副书记、市长、首都绿化委员会主任王安顺同志讲话。

三月

■18 日，北京市委书记郭金龙、北京市长王安顺等市委、北京市政府领导赴通州区实地调研平原造林工程东郊森林公园建设和 2012 年造林成效。

■30 日，北京市委书记郭金龙，北京市长王安顺，北京市人大主任杜德印，北京市委副书记、北京市政协主席吉林等市领导率领市委、北京市政府各部委办局主要负责同志，同首都绿化委员会成员单位及社会各界代表 800 余人到东郊森林公园树木园参加 2013 年首都全民义务植树劳动。

四月

■2 日，党和国家领导人习近平、李克强、张德江、俞正声、刘云山、王岐山、张高丽等来到北京市丰台区永定河畔参加首都义务植树活动，激发了首都广大人民群众绿化美化首都的热情。

■6 日，首都第 29 个全民义务植树日。全市共有 150.1 万人参加了形式多样的义务植树劳动。

五月

■1 日，《北京市湿地保护条例》正式实施。

■18 日至 11 月 18 日，第九届中国（北京）国际园林博览会在北京丰台永定河畔举办。

■23 日，第五届北京月季文化节启动。

六月

■18 日，北京生态文化协会成立。

■27 日，中国生态文化协会授予北京市延庆县妫河森林公园为“全国生态文化示范基地”称号。

七月

■23 日，北京市政府审议通过由北京市发展改革委牵头制定的《北京市市级绿道建设总体方案（2013—2017）》。

■27 日，首届森林音乐会暨零碳音乐第四季在北京西山国家森林公园开幕。

八月

■1 日至 11 月 10 日，水务系统开展以“治脏、治乱、治臭”为重点的河湖“百日整治”行动。

■6 日，王安顺市长调研北京市河湖水系连通及水资源循环利用工作。

■8 日，《北京园林绿化科技创新行动计划（2013—2020）》正式启动实施。

九月

■30 日，北京市政府出台《北京市地下水保护和污染防控行动方案》（京政发〔2013〕30 号）。

十月

■19 日至 11 月 18 日，昌平区开展“第 10 届昌平苹果文化节”。

十一月

■1 日，北京市开展以“人人防火、珍惜森林、共享绿色”为主题的森林防火宣传活动。

■18 日，第九届中国（北京）国际园林博览会落下帷幕。北京园博会共接待游客 615 万余人次，日均接待 3.3 万余人次，单日最高游客接待量 10.6 万人次，均创历届园博会之最。

十二月

■26 日，北京市园林绿化标准化技术委员会成立大会暨第一次全体会议召开。